CMOS 電路設計與模擬－
使用 LTspice

鍾文耀　編著

全華圖書股份有限公司

**ANALOG
DEVICES**

AHEAD OF WHAT'S POSSIBLE™

November 26, 2018

Danny Wen-Yaw Chung, Ph.D.
Chung Yuan Christian University
Chung Li District, Taoyuan City,
Taiwan 32023, R.O.C.

Dear Mr. Chung:

Analog Devices, Inc. (hereinafter "ADI") grants you the non-exclusive rights to reproduce LTspice screen-capture images in your book(s) and lecture contents of MOOCs (Massive Online Open Courses). LTspice screen-capture images may not be used for any other purpose unless you obtain additional written approval.

ADI Statement: All images, icons, and marks of LTspice are owned by Analog Devices, Inc. ("ADI"), copyright © 2018-2019. All Rights Reserved. The images, icons, and marks of LTspice are reproduced with permission by ADI. No unauthorized reproduction, distribution, or usage is permitted without ADI's written consent.

All such materials should have the images and icons clearly identified and accompanied by the "ADI Statement" in the front-matter, which may be: a cover page, title page, or similar. Each individual image should be accompanied (to the extent possible) with a caption including: "Copyright © 2018-2019, Analog Devices, Inc. All Rights Reserved."

Regards,

Mike Engelhardt
Director of Simulation Development
CTO Office
Analog Devices, Inc.

序 言

　　SPICE (Simulation Program with Integrated Circuit Emphasis) 是一特別針對積體電路設計所開發的模擬軟體，它於 1973 年開始提供給積體電路設計人員使用 [1]。至今，它的使用已經超過 47 年的歷史。雖然，隨著 IC 的製程不斷精進，但 SPICE 軟體所需的元件模型仍需要繼續開發與驗證。因此，SPICE 軟體在現今的 IC 設計，仍然是設計工程師最重要的工具。

　　另一方面，SPICE 軟體歷經 SPICE1 至 SPICE3 世代 [1] 的演進，也由早期的 FORTRAN 到 C 程式語言的撰寫，演進成目前有多家商用的 SPICE 模擬軟體的開發，主要有 HSPICE、LTspice、PSPICE、SmartSPICE 與 TSPICE 等。之前曾經針對 HSPICE 撰寫，由全華圖書公司邀稿，出版過 "CMOS 電路模擬與設計 - 使用 HSPICE" 一書 [2, 3]，並獲得廣大讀者的迴響。

　　LTspice 是於 1999 年 [4] 由著名的 Linear Technology 公司開發，並提供給公眾免費使用。目前，Linear Technology 已由 Analog Device Inc. 所併購。相較於 HSPICE，LTspice 除了擁有傳統文字模式 (text mode) 輸入與圖形顯示的分析功能外，還具備有電路圖 (schematic entry) 輸入與快速模擬的強大功能。所以，為了讓更多的初學者與年輕讀者，可以有機會快速地學會 SPICE 軟體的使用，並踏入積體電路設計產業，因此激起動力，再次下筆撰寫一本有關從 LTspice 學習 IC 設計的參考書。

　　過去五年，再度受邀參與新竹清華大學自強基金會「佈局工程師人才培育訓練課程」，擔任電路設計與模擬概念課程的教授。其基礎與進階課程的學員，不乏非電子電機專業的背景。因此，授課過程中如何運用系統化淺顯易懂的方式，讓學員們有效地學習，是一大挑戰。如果，在一般的 PPT 型式紙本講義的基礎上，能搭配一本參考書，提供完整的敘述與說明、實例解析與作業，以及電腦模擬習作，將可讓學員們有最好的學習成果。這也是本書出版的主要目的。

　　本書的內容編排，也將搭配教育網平台 (ewant.org.tw) 所開授之磨課師課程「CMOS 電路設計與模擬 - 從 LTspice 學習 IC 設計」的章節規劃，共分為六章。在每一章的結尾，有對應的作業與實習，提供讀者利用 LTspice 完成理論與電腦模擬的驗證，以達到設計概念實踐、理論與手計算分析與電腦輔助驗證的整合練習，這些過程，將會讓讀者對於積體電路設計與模擬技能的培養更具體。

本書的教學目標，首先是希望能藉由本書的核心內涵，培養學生具備使用積體電路產業最廣泛的線路設計模擬與分析的能力，也就是使用 SPICE(本書是以 LTspice 教學為主) 的知識與能力。

第二個教學目標是希望能夠利用 SPICE，學習 CMOS 積體電路的設計及模擬的應用。透過本書的學習，讓讀者使用 SPICE 來描述數位與類比的電路及進行設計及模擬分析。進而奠定學生或學習者具備 CMOS 電路架構設計應用的基本技術能力，讓讀者能投入進階的 VLSI 設計訓練。

本書採取循序漸進的章節編排方式，將 LTspice 強大的功能與應用，由淺入深地介紹給讀者認識。由於 LTspice 的功能極廣泛，為了要適合大多數的使用者所需，所以本書聚焦於積體電路基礎之設計與應用。主要內容，包含積體電路設計上所需之直流、暫態、小訊號交流頻率響應分析的知識與 LTspice 使用技巧，本書共分六章，茲將各章概要分述如下：

第一章　IC 設計與 SPICE 綜論

本章主要介紹什麼是 IC 設計，設計 IC 為什麼需要使用 SPICE，SPICE 有哪些基礎的核心分析功能，LTspice 的電路圖輸入與直流分析功能，重疊定理的應用及工作點分析，以及圖形資料後處理器之基本使用指引與模擬實例之說明，以減少使用者學習使用之摸索時間，並對 LTspice 模擬軟體有進一步的瞭解。

第二章　LTspice 快速入門指引

本章主要介紹 MOSFET 四端點元件及 LTspice N/PMOS 元件符號定義，MOS 元件工作原理探討，如何利用四個端點偏壓判斷其工作區域 (即工作在截止區、線性區或飽和區)，PMOS 偏壓與工作區域的探討，MOS 輸入 / 輸出特性曲線，基體效應與通道長度調變效應的探討等。並用直流分析之模擬實例來說明，以及進行 .meas 自動化量測簡介，以最短的時間來學習及熟悉控制指令的使用。

第三章　MOS 元件及反相器之直流分析

本章主要在探討數位積體電路的核心基礎電路，反相器的直流特性分析。包含反相器之電壓轉換曲線 (Voltage Transfer Curve, VTC) 簡介，理想的數位反相器有哪些特性？反相器之直流效能參數探討，P/NMOS KP(W/L) 比值對 VTC 的影響，.meas 自動化量測用於反相器直流參數求取，四種反相器效能參數模擬比較，以及 .subckt 子電路與層次化結構。

第四章　標準數位電路單元之特性分析

本章探討時變訊號饋入數位邏輯閘的時間領域暫態分析，包括時變訊號波型 (PULSE, PWL) 敘述說明，反相器之動態時間引數探討，LTspice 在 PVT 變化參數之 Table 描述說明，以及 .meas 自動化量測用於反相器動態參數的求取。以及利用 LTspice 協助進行數位邏輯閘動態參數的萃取與測試電路驗證，亦將電路設計及產品研發與最壞模型化方法之相關性做完整的研析。

第五章　SPICE 之交流分析

本章針對 MOS 元件的小訊號等效模型的建立，做整體性的探討。對於 LTspice 在類比子電路的交流頻率響應分析，也做進一步的說明。在波德圖與頻率響應的應用，透過基礎 RC 電路與放大器的分析，使學習者可以活用 LTspice 在電路設計上的完整模擬與分析，包括電路的靜態點求取、直流掃描分析、動態時間領域與頻率領域的響應分析。

第六章　核心電路之 SPICE 分析與探討

本章主要是基於前面學習之直流、暫態與交流分析基礎，繼續利用 LTspice 進行實際之數位與類比子電路分析討論。包括非重疊二相時脈產生器、類比式比較器、電流鏡、偏壓電路及帶隙參考電路、9-bit 數位類比轉換器等核心電路的學習。這些電路的解析，對於混合訊號積體電路的設計，會有幫助。

本書由於篇幅之因素，對於 LTspice 之雜訊與失真分析等內容於日後有機會再探討。另外，如您為初次接觸 SPICE 的讀者，可先了解 SPICE 基本指令的敘述、電路範例及各類分析型態後，再由各章循序漸進、逐一研讀，本書無論是對初學者，或對使用 SPICE 已有經驗者，都可使您對 LTspice 有一完整的概念，幫助您完成各類積體電路產品的設計。

本書以最嚴謹的態度撰寫，而花了無數之假日時光才完成，也感謝中原大學教學發展中心同仁們的之熱心與耐心支持。限於作者之才疏學淺，不完整之處，在所難免，盼望各界前輩不吝指正，使本書更加充實完善。

鍾文耀 於中原大學電子工程系

參考文獻

[1] https://en.wikipedia.org/wiki/SPICE

[2] 鍾文耀、鄭美珠，"CMOS 電路模擬與設計 - 使用 HSPICE"，全華圖書股份有限公司，2010，978-957-21-6383-2．

[3] 锺文耀、郑美珠，"CMOS 电路模拟与设计：基于 Hspice"，科学出版社，2007，978-7-03-019069-7．

[4] LTspice Developer, https://en.wikipedia.org/wiki/LTspice.

作者簡歷

E-mail：eldanny707@cycu.org.tw

　　鍾文耀教授任職於中原大學電子工程系。1979 年在中原大學獲得電子工程學士學位，1981 年獲得應用物理碩士學位，1989 年在美國密西西比州立大學獲得電機工程博士學位。

　　鍾文耀教授 1981 年任職於臺灣工業技術研究院電子工業研究所晶圓工程部，擔任 CMOS 製造工藝技術副工程師、1989 年任職於美國 Institute for Technology Development/Advanced Microelectronics Division 高級設計工程師，以及 1990 年擔任聯華電子公司 (UMC) 通訊產品事業部設計副理，累積在 CMOS 製造工藝技術、BJT 與 CMOS FET 積體電路設計與產品研發之實務經驗。鍾教授 1991 年也曾擔任臺灣晶片設計實現中心 (CIC) 籌設時期的學術委員群之一員。

　　鍾文耀教授的研究興趣主要集中在混合訊號積體電路設計、生物醫學工程積體電路應用及傳感器介面電路設計等。他將其研究興趣應用於醫學電子、水質、環境監控及智慧農業等領域。鍾文耀教授 1991 年於中原大學電子系創立混合訊號 VLSI 研究室，也建立電子系在微電子與醫學工程整合的跨領域教育及研究；鍾文耀教授於 2006 年起兼任電子資訊技術研究中心主任，以低功耗系統晶片 (SOC) 技術為發展核心，目前已指導畢業的博士生共 10 名、碩士生超過 150 名。鍾教授的研究成果，已有超過 150 篇之期刊與研討會論文發表，並聚焦在傳感器元器件、介面讀出之創新電路及智慧監控系統研發，團隊所獲得之成果，共擁有臺灣、美國與日本發明專利共 19 項，鍾教授並榮獲中原大學 2011 年發明獎及續優發明獎。鍾文耀教授共有 7 本專書著作，其中 "CMOS 電路模拟与设计：基于 Hspice" 及 "EWB 電路設計入門與應用" 兩本著作以簡體版發行。

鍾文耀教授自 1999 年展開國際化之研究合作，與波蘭科學院生物力學暨生物醫學工程研究所、波蘭電子技術所在電位與電流式傳感器相關技術有長期的合作與成果。2007 年，鍾文耀教授協助中原大學與馬來西亞微電子工程研究所 (MIMOS) 完成雙邊合作協議，進行傳感器與混合訊號處理晶片的研究合作。在國際化教育部分，鍾教授於 2007 年，協助中原電子系籌設"微電子工程與應用"研究生國際英語學程，研究生來自中國、突尼西亞、伊朗、印度、菲律賓、印尼及越南等國家、至目前已有 5 名博士畢業，25 名碩士畢業。

　　鍾文耀教授長期擔任 IEEE Circuit and System, IJE Electronics Letters, Sensors and Actuators, B. Chemical, 及 The Arabian Journal for Science and Engineering 期刊論文審稿委員，並擔任 Sensors and Transducers 國際期刊編輯諮議委員。鍾文耀教授於 2011 年榮獲臺灣教育部資深優良教師，目前是 IEEE 高級會員及 Eta Kappa Nu 榮譽會員。

編輯部序

「系統編輯」是我們的編輯方針，我們所提供給您的，絕不只是一本書，而是關於這門學問的所有知識，它們由淺入深，循序漸進。

本書共分六章，採循序漸進、由淺入深的方式讓讀者瞭解 LTspice 強大的功能與應用。第一章在說明什麼是 IC 設計、SPICE 基礎的核心分析功能及 LTspice 軟體安裝；第二章在講解元件符號定義、元件工作原理，並以直流分析之模擬實例來解說；第三章主要探討數位積體電路的核心基礎電路，以及反相器的直流特性分析；第四章探討時變訊號饋入數位邏輯閘的時間領域暫態分析，並利用 LTspice 協助進行數位邏輯閘動態參數的萃取與測試電路驗證；第五章說明 MOS 元件的小訊號等效模型的建立；第六章主要是將前面所學的直流、暫態與交流分析基礎，繼續利用 LTspice 進行實際之數位與類比子電路分析。本書適用於大學、科大資工、電子、電機系「積體電路分析與模擬」、「電腦輔助電路設計」課程或相關業界人士及有興趣之讀者。

同時，為了使您能有系統且循序漸進研習相關方面的叢書，我們以流程圖方式，列出各有關圖書的閱讀順序，以減少您研習此門學問的摸索時間，並能對這門學問有完整的知識。若您在這方面有任何問題，歡迎來函連繫，我們將竭誠為您服務。

相關叢書介紹

書號：06396
書名：數位邏輯原理
編著：林銘波

書號：06052
書名：電腦輔助電路設計－活用
　　　PSpice A/D －基礎與應用
　　　(附試用版與範例光碟)
編著：陳淳杰

書號：05102
書名：半導體製程概論
編著：李克駿.李克慧.李明達

書號：06015
書名：電子學(精裝本)
編著：楊善國

書號：05129
書名：電腦輔助電子電路設計－使用
　　　Spice 與 OrCAD PSpice
　　　(附軟體光碟)
編著：鄭群星

書號：00706
書名：電子學實驗
編著：蔡朝洋

書號：03672
書名：矽晶圓半導體材料技術
　　　(精裝本)
編著：林明獻

流程圖

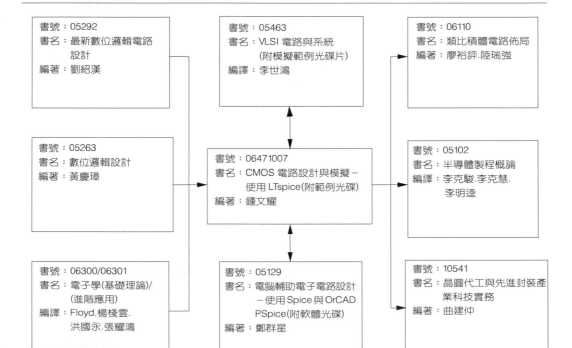

CONTENTS

目錄

IC 設計與 SPICE 綜論

學習大綱

本章主要說明什麼是 IC 設計、為什麼要使用 SPICE 來設計 IC、LTspice 軟體的優點、LTspice 軟體安裝的指引等，以減少使用者安裝 LTspice 軟體之摸索時間，對 LTspice 模擬軟體有基礎的瞭解。

1-1　什麼是 IC 設計

IC 設計是一門非常複雜的科學，主要是指積體電路設計，而積體電路或稱集成電路 (Integrated Circuit, IC)，亦即將許多的電路方塊集成並製作在一個小小的矽晶片中。IC 設計的詳細過程，主要包含制定規格、設計晶片細節、晶片佈局等步驟。相較於 IC 的製造與封裝，IC 設計公司通常所需的資本額較小，其成果與價值主要是靠所有成員的腦力與經驗，進行專注產品的開發。

目前全世界前十大 IC 設計公司，台灣就有聯發科、聯詠科技、瑞昱半導體等三家設計公司，都列於榜單之中 [1]。IC 設計的產品，依據晶片訊號處理的分類，主要可以分為數位、類比、混合訊號以及射頻 IC 等。不管是哪一種類的 IC，它們都是經由最底層的電晶體所組成。而目前的產品，主要是由金氧半場效電晶體 (Metal-Oxide-Semiconductor Field-Effect Transistor, MOSFET) 的製程完成。電路的複雜度，可能是由幾顆 N/PMOS 組成的簡單邏輯閘 (Logic gate) 到數百萬顆電晶體構成的複雜記憶體晶片等。因此，學習 IC 設計，除了要有紮實的電路學與電子學的基礎知識，還需了解 IC 層次化 (Hierarchical design) 的設計方法與懂得善用電腦輔助設計工具，協助完成整顆 IC 或系統晶片 (System-On-Chip, SoC) 的設計。

1-2　為什麼要使用 SPICE

如前所述，一個複雜的 IC 可能含有幾百萬顆電晶體，如果在製作之前沒有使用任何的工具幫助設計的進行，預估製作好的晶片整合在系統後，了解電路晶片應用於不同溫度與供電電壓的狀況下的電路效能呈現，就很難保證晶片是否仍符合設計規格的。另一方面，通常 IC 製作之後還須有適當的測試儀器與環境，以進行 IC 功能的驗證與產品可靠度的測試。因此，如果有一模擬或仿真的軟體，可以在 IC 的設計階段或製作之前，具備測試此電路在未來的產品應用所需的環境變化下，進行所有電路效能的驗證與分析，視其效能的呈現而進行必要的電路修正或優化，將會對設計工程師有很大的幫助。

在積體電路設計產業，已經開發超過四十年的 SPICE 軟體可以當成一虛擬的電子實驗室，透過 SPICE 的程式結構、主被動元件的模型、控制敘述、核心直流、暫態、頻率響應與溫度變化分析，以及模擬波形之後處理等，帶給了 IC 設計工程師很大的便利性，縱使沒法擁有個人實體的實驗室或工作室，沒法同時建置有訊號產生器、電源供應器、三用電表、示波器、網路分析儀或頻譜分析儀於自己的工作環境中，但是 SPICE 提供了虛擬的實驗室，藉由程式碼的執行，可以完成幾乎實體實驗室所能達到的各類功能。因此，過去近半個世紀，IC 設計由於有 SPICE 軟體的協助，不斷地研發與精進，帶來了現今如此先進的電子產品與貢獻。

過去 40 多年由於積體電路製程的不斷進步，也帶來了 SPICE 許多的變化 [2]，在電子設計自動化的軟體工具，很少有軟體可以被持續使用與精進這麼長的歲月。1971 年，加州柏克萊大學 Ron Rohrer 與他的研究團隊發表了第一代以 Fortran2 電腦語言撰寫的非線性電路模擬器，稱之 CANCER(Computer Analysis of Nonlinear Circuits Excluding Radiation)，其可針對幾種的雙載子接面電晶體 (BJT) 進行直流、暫態及交流分析，於 1972 年提供給工業界及公共資源使用，並改名為 SPICE 模擬軟體。

SPICE 是 "Simulation Program with Integrated Circuit Emphasis" 之意，原先的目的是為了電子系統中 BJT 電路之模擬與設計而發展的軟體。但是，其軟體結構可以拓展元件模型的複雜度 (由 BJT 的 Ebers-Moll 模型到 Gummel-Poon 模型到支援 MOSFET 模型)，因此不斷隨著製程的進步，電晶體元件尺寸的縮小，更新的元件模型也持續導入軟體中，SPICE 已成為工業界積體電路模擬的標準 [3]。早期，SPICE 軟體主要是在中大型電腦執行，尤其是 Unix 操作系統環境中執行。1975 年，SPICE 重新以 C 程式語言撰寫成為 SPICE2 版本，並增加電感的模擬，進入工程設計市場。而第一代的 SPICE，對於 MOSFET 模型的使用，可以 SPICE level-1、SPICE level-2、

SPICE level-3 的元件電流方程式來模擬電路。但這一代的 SPICE 軟體，有幾個缺點與問題待解決，包括在操作區域界面的不連續問題、不收斂等的問題，尤其是在較前瞻的製程，元件模擬與實際工作間的不一致與誤差，帶來了產品開發的困擾與挑戰。因此，第二代適用於短通道 MOS 元件的模型 (BSIM 及 BSIM2) 被開發。也基於這樣的基礎，隨之的進階 BSIM3、BSIM4 模型開發，並廣泛地用於現今的製程技術與電路模擬應用。

LTspice 軟體之開發，主要是由位於美國矽谷有名的積體電路廠商 Linear Technology 公司所開發 [4]。近年來，由於 Linear Technology 公司被 Analog Devices 公司所合併。所以，現在由 Analog Devices 公司來主導 LTspice 的推展。LTspice 相較於其他的 SPICE 軟體，它擁有以下的優點：

(1) LTspice 是一個用於電路設計和分析的免費軟體。

(2) LTspice 比購買大量真實零件和真正的信號發生器和示波器便宜。

(3) 電路設計中的關鍵分析，如直流分析、頻率回應、n 埠分析，在 LTspice 中進行類比電路模擬比從理論上分析所有這些響應要簡單得多。

(4) 可以進行穩定的電路模擬。

(5) 可以進行無限數量的節點分析，收斂性佳。

(6) 具有電路圖 / 符號圖編輯器。

(7) 具有波形檢視器的功能。

(8) 具有充足的被動元件庫。

在積體電路設計或是在半導體產業中，HSPICE 是跟 LTspice 幾乎是有相同功能的商用軟體。但是，傳統的 HSPICE，尤其是 Windows 版本，它沒有搭配電路圖輸入的功能。所以，在初學者的角色，或是想建立電路模擬的基礎觀念，LTspice 是一個很好的學習工具。在此就利用一個範例說明，如圖 1-1 所示的放大器效能 (Amplifier's performance) 驗證實驗，或是假設你是一位電子專長的學生，若要設計一個放大器，就必須要進入電子實驗室，然後準備好多的儀器，像訊號產生器、示波器或是頻譜分析儀等來進行放大器電路的設計與效能量測。但是，如果你有機會使用 SPICE，就等同擁有一個軟體的電子實驗室。所以 SPICE 的主要功能是它可以利用軟體的編程，來完成電源供應器、訊號產生器的功能、還能做到需示波器才能看到的時域之暫態響應，以及使用網路分析儀或頻譜分析儀執行的頻率響應分析。這些功能的模擬跟驗證，如果學生或工程師可以使用這一類的軟體，來進行電路或系統的分析，將可以使整個學習的過程，變得簡單又方便，且不需要任何的實體空間。上述的概念，對積體電路設計者，是一具優勢的設計環境與方法，後續章節將會往下陸續地探索 LTspice 的功能與方便性。

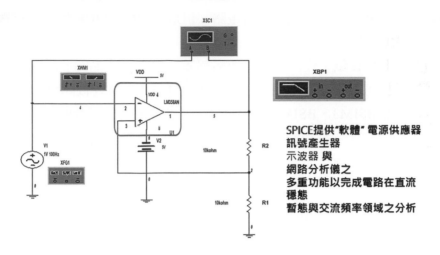

» 圖 1-1　利用 SPICE 軟體建置的虛擬電子實驗室

1-3　LTspice 軟體安裝

如果你已經是個人電腦的長期使用者，不管之前的使用經驗是 Winodws 或 iOS 系統，你都可以很輕鬆的下載 LTspice 軟體，並安裝到你的電腦中。你可以在搜尋引擎中，進行以下的連結，就可以進入到 Analog Devices 的官方網站 [5](https://www.analog.com/en/design-center/design-tools-and-calculators/ltspice-simulator.html)，準備下載 LTspice 軟體。本書的指引，以 Windows 使用的工作環境為基礎，如圖 1-2 所示的訊息，點擊 Download for Windows 7、8 and 10，就可以打開 LTspice XVII 最新版的安裝執行軟體，完成安裝。

» 圖 1-2　LTspice 官方網頁 [5]
（Permission by Analog Devices, Inc., copyright © 2018-2021）

　　下載完成 LTspiceXVII.exe 的執行檔後，就可以點擊如圖 1-3 所示之圖示以執行軟體的安裝。當電腦畫面出現如圖 1-4 顯示 LTspice XVII has been successfully installed 的訊息時，說明 LTspice 已經成功安裝。接著，快擊 OK，就可以打開如圖 1-5 之 LTspice 的工作視窗。

» **圖 1-3**　執行軟體的安裝

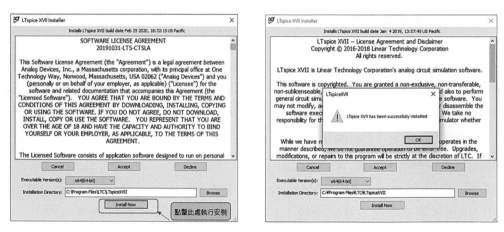

» **圖 1-4**　LTspice 顯示已安裝成功
（Permission by Analog Devices, Inc., copyright © 2018-2021）

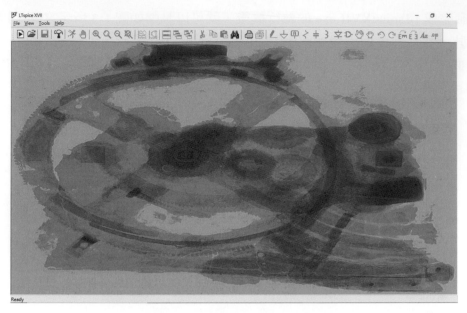

» 圖 **1-5**　之 LTspice 的工作視窗
（Permission by Analog Devices, Inc., copyright © 2018-2021）

1-4　結論與延伸閱讀資料

　　本章簡介什麼是 IC 設計、為什麼要使用 SPICE 來設計 IC、LTspice 軟體的優點、LTspice 軟體安裝的指引等，以減少使用者安裝 LTspice 軟體之摸索時間，對 LTspice 模擬軟體有基礎的瞭解。另外，如能配合參考資料的研讀，加上習題的實作及後續章節的深入討論，相信在 LTspice 的輔助下，必可使積體電路之模擬與設計更得心應手。本章主要的延伸閱讀資料條列如下：

[1] 拓樸產業學院 https://www.topology.com.tw/DataContent/release/ 全球前十大 IC 設計公司 2019 年第三季營收排名出爐 %EF%BC%8C 美系業者表現兩極 /492。

[2] David Doman，Engineering the CMOS Library: Enhancing Digital Design Kits for Competitive Silicon. John Wiley，ISBN:1118243048，2012。

[3] UCB SPICE Web.: http://bwrcs.eecs.berkeley.edu/Classes/IcBook/SPICE/。

[4] Wiki on LTspice: https://en.wikipedia.org/wiki/LTspice。

[5] Analog Device Inc. Web. Site: https://www.analog.com/en/design-center/design-tools-and-calculators/ltspice-simulator.html。

LTspice 快速入門指引

學習大綱

　　本章主要介紹 LTspice 使用的快速指引，包括視窗輸入功能以及文字網表 / 程式碼語法描述，並複習重疊定理，用多個模擬實例來說明，方便使用者以最短的時間進行有效地學習。

2-1　視窗功能簡介

　　相較於 HSPICE，LTspice 的優點是同時具有文字網表輸入 (程式碼) 與電路圖輸入的功能，以進行傳統 SPICE 的電路模擬。電腦輔助設計工具發展的趨勢，主要是朝視窗化執行軟體的方式開發。因此，在本章中，將著重在 LTspice 視窗工作的功能做介紹，並會以 MOSFET 元件特性探討、I-V 輸入與輸出特性曲線的直流分析為範例，帶出 LTspice 模擬器方便的功能使用。為了增進讀者對於 LTspice 語法使用及結構之了解，將繼續以簡單之一階網路為例，運用重疊定理，逐一將 SPICE 之各項基礎分析與檔案撰寫深入淺出之剖析，使讀者能掌握 SPICE 基礎分析內容之精髓，以拓展在進階分析技巧之靈活運用，成為積體電路設計模擬的高手。

　　參照第一章 1-3 節的 LTspice 軟體安裝程序，當使用者啟動 LTspice 後，將出現如圖 2-1 之工作視窗，其可以提供使用者一套完整之電路設計模擬功能。此視窗可以呈現多種不同的使用區域，包括主功能表 (menus)、電路建置工具表 (circuit toolbar)、內建電路元件庫 (component library)、電路工作視窗等主要功能。在這工作視窗中，LTspice 提供使用者一個整合之環境進行電路的編輯、模擬及輸出圖形的處理分析。LTspice 的互動，主要是靠人機介面。其也同時考量程式的執行速度、收斂性、彈性與方便性。當然，除了圖形視窗的使用外，LTspice 也接受傳統 SPICE 網表 (Netlist) 或程式碼 (SPICE Codes) 的輸入檔案，進行 SPICE 的編譯與軟體執行，它是一免費、方便、易學、有效率的 IC 設計模擬器。

各項工作區的使用功能敘述如下：

主功能表
(menus)

電路建置工具表
(circuit toolbar)

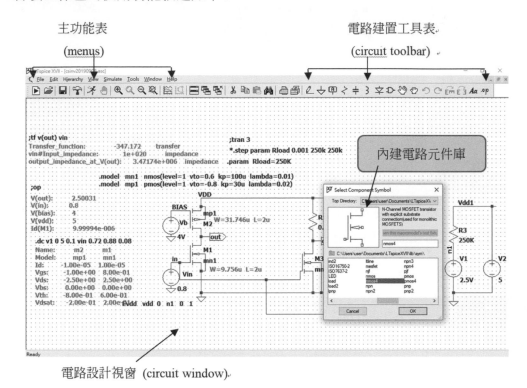

內建電路元件庫

電路設計視窗 (circuit window)

» 圖 2-1　LTspice 工作視窗
(Permission by Analog Devices, Inc., copyright © 2018-2021)

主功能表

主功能表位於 LTspice 工作視窗最上方的區域，它提供電路檔案的新增、開啟、存取、列印、電路圖的編輯、層次化建置 (Hierarchy)、電路之模擬與分析及線上協助等。主要的操作可以歸類為檔案 (File)、編輯 (Edit)、層次化建置 (Hierarchy)、觀看顯示 (View)、模擬執行 (Simulate)、工具 (Tools)、視窗顯示設定 (Windows)、協助 (Help)。其中檔案與編輯和一般 Windows 之用法類似，而特殊的項目如層次化建置 (Hierarchy)、觀看顯示 (View)、模擬執行 (Simulate)、工具 (Tools)、視窗顯示設定 (Windows) 等功能將於後面章節的範例進行討論時，一併說明。圖 2-2 為建置電路圖所需的編輯工具。

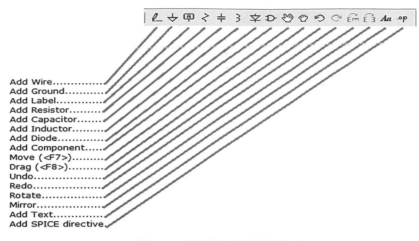

Add Wire...............
Add Ground...........
Add Label..............
Add Resistor..........
Add Capacitor........
Add Inductor..........
Add Diode...............
Add Component.....
Move (<F7>)...........
Drag (<F8>)...........
Undo.......................
Redo.......................
Rotate.....................
Mirror.....................
Add Text.................
Add SPICE directive.

» 圖 2-2　電路圖編輯之圖示列

　　於圖 2-2 所示的圖示列，其點選使用，也易懂易學。需要說明的是 .op 的圖示是可以用來增加 SPICE 執行的控制敘述輸入，例如，可於點選 .op 後出現的空白視窗，鍵入 MOS 元件所需的模型參數等。至於旋轉與鏡射的圖示，可以點選元件符號後，利用 Rotate 或 Mirror 來調整元件符號的端點擺置之上下或左右的位置。圖 2-3 所示是 LTspice 官方網站所提供的所有快速鍵對照表，值得了解與練習。此快速鍵的使用，可以依其功能，是歸屬於電路圖、電路符號編輯、模擬結果波形處理、網表的編輯等，有其不同的快速鍵用意。另外，在這快速鍵表，也列出以 . 為首的所有控制敘述。也就是在撰寫輸入檔案時，對於元件使用重要的數值字母之代號與意義，如 T、G、Meg、…等的用法。如電阻的電阻值為 1000000 歐姆，就可以表示為 1Meg 歐姆。

LTspice HotKeys

	Schematic	Symbol	Waveform	Netlist
Modes	ESC - Exit Mode	ESC - Exit Mode		
	F3 – Draw Wire			
	F5 – Delete	F5 – Delete	F5 – Delete	
	F6 – Duplicate	F6 – Duplicate		
	F7 – Move	F7 – Move		
	F8 – Drag			
	F9 – Undo	F9 – Undo	F9 – Undo	F9 – Undo
	Shift+F9 – Redo	Shift+F9 – Redo	Shift+F9 – Redo	Shift+F9 – Redo
View	Ctrl+Z – Zoom Area	Ctrl+Z – Zoom Area	Ctrl+Z – Zoom Area	
	Ctrl+B – Zoom Back	Ctrl+B – Zoom Back	Ctrl+B – Zoom Back	
	Space – Zoom Fit		Ctrl+E – Zoom Extents	
	Ctrl+G – Toggle Grid		Ctrl+G – Toggle Grid	Ctrl+G – Goto Line #
	U – Mark Uncon. Pins	Ctrl+W – Attribute Window	'0' - Clear	
	A – Mark Text Anchors	Ctrl+A – Attribute Editor	Ctrl+A – Add Trace	
	Atl+Click - Power		Ctrl+Y – Vertical Autorange	Ctrl+R – Run Simulation
	Ctrl+Click - Attr. Edit		Ctrl+Click - Average	
	Ctrl+H – Halt Simulation		Ctrl+H – Halt Simulation	Ctrl+H – Halt Simulation
Place	R – Resistor	R – Rectangle		
	C – Capacitor	C – Circle		
	L – Inductor	L – Line		
	D – Diode	A – Arc		
	G – GND			
	S – Spice Directive			
	T – Text	T – Text		
	F2 – Component			
	F4 – Label Net			
	Ctrl+E – Mirror	Ctrl+E – Mirror		
	Ctrl+R – Rotate	Ctrl+R – Rotate		

Command Line Switches

Flag	Short Description
-ascii	Use ASCII .raw files. (Degrades performance!)
-b	Run in batch mode.
-big or -max	Start as a maximized window.
-encrypt	Encrypt a model library.
-FastAccess	Convert a binary .raw file to Fast Access Format.
-netlist	Convert a schematic to a netlist.
-nowine	Prevent use of WINE(Linux) workarounds.
-PCBnetlist	Convert a schematic to a PCB netlist.
-registry	Store user preferences in the registry.
-Run	Start simulating the schematic on open.
-SOI	Allow MOSFET's to have up to 7 nodes in subcircuit.
-uninstall	Executes one step of the uninstallation process.
-wine	Force use of WINE(Linux) workarounds.

Simulator Directives - Dot Commands

Command	Short Description
.AC	Perform a Small Signal AC Analysis
.BACKANNO	Annotate the Subcircuit Pin Names on Port currents
.DC	Perform a DC Source Sweep Analysis
.END	End of Netlist
.ENDS	End of Subcircuit Definition
.FOUR	Compute a Fourier Component
.FUNC	User Defined Functions
.FERRET	Download a File Given the URL
.GLOBAL	Declare Global Nodes
.IC	Set Initial Conditions
.INCLUDE	Include another File
.LIB	Include a Library
.LOADBIAS	Load a Previously Solved DC Solution
.MEASURE	Evaluate User-Defined Electrical Quantities
.MODEL	Define a SPICE Model
.NET	Compute Network Parameters in a .AC Analysis
.NODESET	Supply Hints for Initial DC Solution
.NOISE	Perform a Noise Analysis
.OP	Find the DC Operating Point
.OPTIONS	Set Simulator Options
.PARAM	User-Defined Parameters
.SAVE	Limit the Quantity of Saved Data
.SAVEBIAS	Save Operating Point to Disk
.STEP	Parameter Sweeps
.SUBCKT	Define a Subcircuit
.TEMP	Temperature Sweeps
.TF	Find the DC Small-Signal Transfer Function
.TRAN	Do a Nonlinear Transient Analysis
.WAVE	Write Selected Nodes to a .WAV file

Suffix		Suffix		Constants	
		f	1e-15	E	2.7182818284590452354
T	1e12	p	1e-12	Pi	3.14159265358979323846
G	1e9	n	1e-9	K	1.3806503e-23
Meg	1e6	u	1e-6	Q	1.602176462e-19
K	1e3	M	1e-3	TRUE	1
		Mil	25.4e-6	FALSE	0

LTspice

See Demo

www.linear.com/LTspice • 1-800-4-LINEAR

LINEAR TECHNOLOGY　NOW PART OF　ANALOG DEVICES

0417C

» 圖 2-3　所有快速鍵對照表 [1]

(Permission by Analog Devices, Inc., copyright © 2018-2021)

◈─• 2-1-1 節點、元件及模型

對一些簡單的線性元件，如電阻、電容、電感、獨立電流源及電壓源，如何用 LTspice 描述電路節點，元件及模型，以實例 2-1 來說明。

進入 LT-SPICE 的畫面之後，點選左上角的 Icon 🖾 或點選 File 後出現下拉視窗後點選 "New Schematic"，出現如左下角的畫面後，即可進行新建電路的建置、編輯與模擬，如圖 2-4 所示。

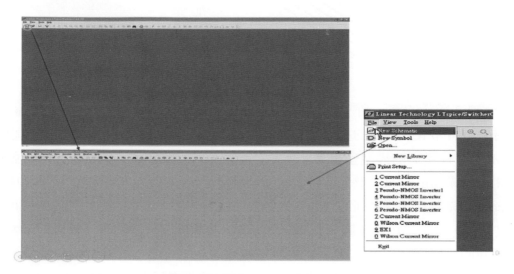

» 圖 2-4 開啟新檔案與新電路建置
(Permission by Analog Devices, Inc., copyright © 2018-2021)

實例 2-1

如圖 2-5 為一簡單的分壓電路，其是具有一獨立電壓源與二電阻同時存在的電路或網路 (Network)，其中 V1=4V 為可調電源，其範圍在 3V 至 5V，R1=1KΩ，R2=3KΩ，試由 LTspice 求出因上述條件所產生的 V(N2) 之輸出結果。

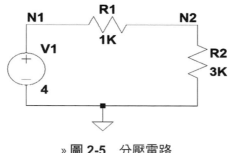

» 圖 2-5 分壓電路

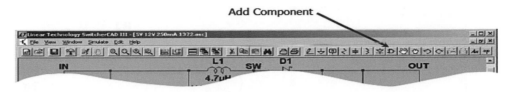

» **圖 2-6** 點選電路元件
(Permission by Analog Devices, Inc., copyright © 2018-2021)

　　本例題為純電阻的電路，其目的是探討電阻元件的描述、直流操作點的計算、直流電壓源的掃描分析及波形呈現的討論等應用。如擬建立此電路，首先須選取電路元庫的圖示，以進入如圖 2-7 的 Analog Devices, Inc. 在 LTspice 內建的電路元庫，鍵入 voltage 關鍵字，可以獲得獨立電壓源 V1 或是鍵入 res，呼叫電阻 R1 及 R2。

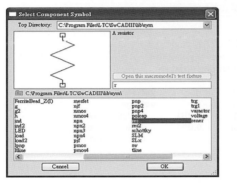

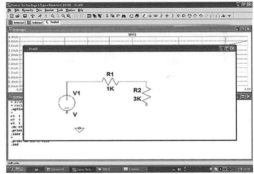

(a) 電路元庫　　　　　　　　　　　　　(b) 分壓電路建置

» **圖 2-7** 電路元庫及電路範例
(Permission by Analog Devices, Inc., copyright © 2018-2021)

　　在完成如圖 2-5 的分壓電路建置後，可以進行模擬條件的設定。主要的直流分析，包括 DC op pnt 靜態工作點、DC Transfer 轉換函數與 DC sweep 掃描分析等三種。DC 工作點分析是最基礎的一種分析。其是依據電路目前的元件數值與給定之電源值進行電路方程式的求解。如圖 2-8(a) 點選下拉視窗 Simulate 的 Edit Simulation Command 中的 DC op pnt，就會於底下的空格中呈現 .op，經按 OK 後，將 .op 放於工作視窗中任一空白位置中，即可準備開始執行模擬。點選跑者的圖示，即完成如圖 2-9 的結果。

　　圖 2-9 .op 執行結果呈現，包括各節點電壓與流過各元件的分支電流 (branch current)。其中流過電壓源 V1 的電流在電路分析所假設的電流方向，其由電源 V1 的負端往正端流過，與其他二電阻 R1 與 R2 的正端流至負端的方向相反，所以得到 I(V1) 為負值電流。在結果的呈現技巧上，可以複製 .op 的執行結果置於點選 Aa 圖示的空白區，剪貼後，可以得到工作視窗中同時呈現的工作點狀態 (工作視窗呈現中的數值) 的模擬結果。

 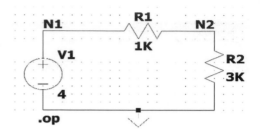

(a) Edit Simulation Command 視窗 　　　　(b) 準備開始執行模擬之狀態

» 圖 2-8　電路模擬分析設定
(Permission by Analog Devices, Inc., copyright © 2018-2021)

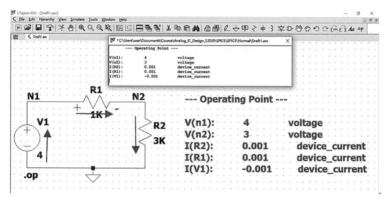

» 圖 2-9　.op 執行結果呈現
(Permission by Analog Devices, Inc., copyright © 2018-2021)

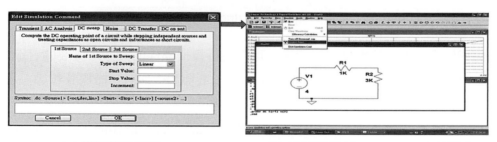

(a) 模擬條件設定 　　　　　　(b) 控制面板 (Control Panel) 的設定

» 圖 2-10　電路模擬條件設定
(Permission by Analog Devices, Inc., copyright © 2018-2021)

　　下一個執行的功能,可以執行直流的掃描分析。在這分壓電路,可以針對獨立電壓源 V1 進行直流掃描分析。點選如圖 2-10(a) 的 DC sweep 選單,LTspice 允許一次可以選擇至多三個獨立電源的變化,指定於 1st Source,2nd Source,3rd Source 中。由於,只有 V1 電源,所以填入其相關訊息。而圖 2-10(b) 的 Control Panel 點選後,可以出現如圖 2-11(a) 與 (b) 的設定畫面,較常用的是 Waveforms 的設定。可以加大追蹤參數 (Data trace width) 的顯示寬度等的設定,可以得到清晰易讀的模擬結果。

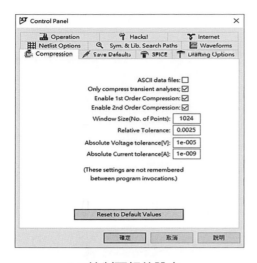
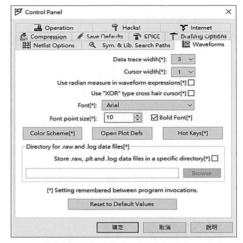

(a) 控制面板的設定　　　　　(b) 追蹤參數 (Data trace width) 的設定

» 圖 2-11　控制面板設定
(Permission by Analog Devices, Inc., copyright © 2018-2021)

　　當你完成如圖 2-12(a) 的模擬條件設定後，將控制敘述 .dc V1 0 4 0.1 拖曳到工作視窗，接著再按「跑者」的圖示，就可以得到如圖 2-12(b) 的模擬結果。其呈現了以 V1 為橫軸變數掃描，觀察節點 V(n2) 的輸出值。

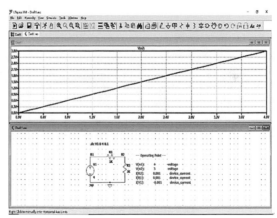

(a)V1 的模擬條件設定　　　　　(b) V(N2) 模擬結果

» 圖 2-12　電源條件設定 (Permission by Analog Devices, Inc., copyright © 2018-2021)

實例 2-2

　　如圖 2-13 為一簡易的電流鏡電路 (simple current mirror)，將利用 LTspice 電路建置的功能，並完成輸出電流複製的結果呈現。

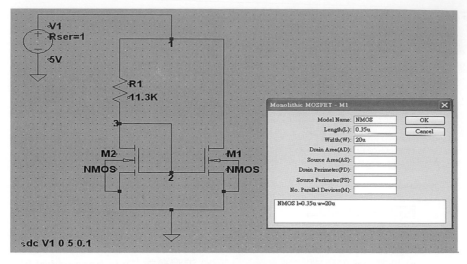

» 圖 **2-13** 簡易的電流鏡電路
(Permission by Analog Devices, Inc., copyright © 2018-2021)

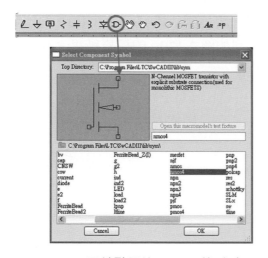

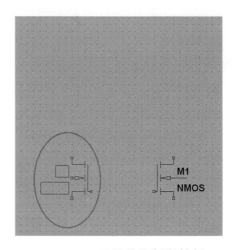

(a) 四端點元件 NMOS 的呼叫 　　(b) NMOS 元件的複製與鏡射

» 圖 **2-14** MOS 元件設定
(Permission by Analog Devices, Inc., copyright © 2018-2021)

　　要完成圖 2-13 的電流鏡電路，需先選取四端點的 NMOS 元件，並複製與鏡射此元件，以構成一對的電流鏡。首先，點選畫面右上角的 Icon 🖉 或點 Edit 後選擇下拉視窗中的 Component 或按 F2 功能鍵後，出現如圖 2-14(a) 的畫面，即可選擇欲使用的元件。若要將元件作鏡射 (Mirror) 或旋轉 (Rotate) 的動作時，可在 Edit 中選擇其功能或 HOT-KEY(如下)：

　　"CTRL+E" 　MIRROR

　　"CTRL+R" 　ROTATE

將選取的 NMOS，指定其模型名稱 (Model Name)，寬長值 (W，L)。在此，輸入的模型名稱是 NMOS，寬及長，分別為 20u 與 0.35u。

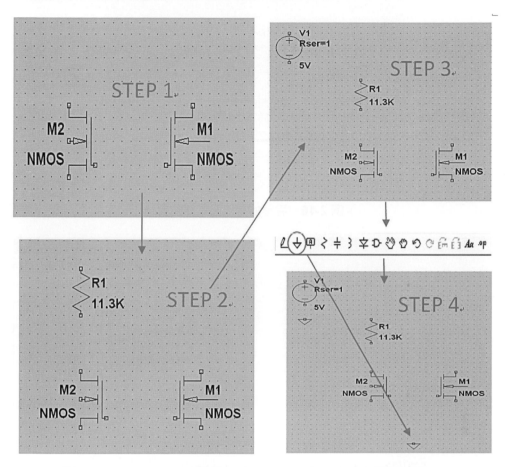

» 圖 **2-15** STEP 1~4 四端點元件 NMOS、電阻及獨立電壓源的呼叫
(Permission by Analog Devices, Inc., copyright © 2018-2021)

按照圖 2-15 的先後步驟，將各種元件擺放至預定的位置，步驟 3 與 4 之間要將整個電路的參考準位 "接地" 接上。元件擺放後選擇 🖉，將元件逐一連接起來，完成步驟 5 的完整電路，如圖 2-16 所示。

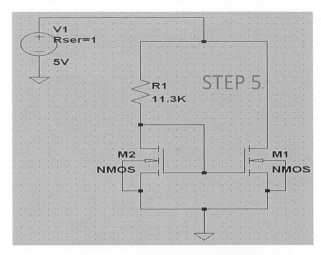

» 圖 2-16　完整的電流鏡電路建置

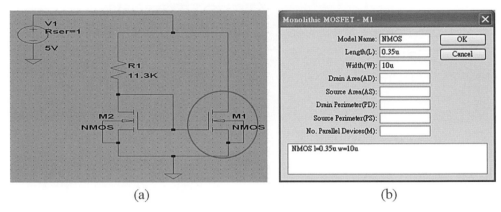

(a)　　　　　　　　　　　　　　　　(b)

» 圖 2-17　電路各元件 數值的鍵入
(Permission by Analog Devices, Inc., copyright © 2018-2021)

　　將滑鼠移至 NMOS 上，按滑鼠右鍵，畫面上會出現一個小視窗 (如右上圖 2-17(b) 所示)。輸入 NMOS 的尺寸，Length: 0.35um，Width: 10um。

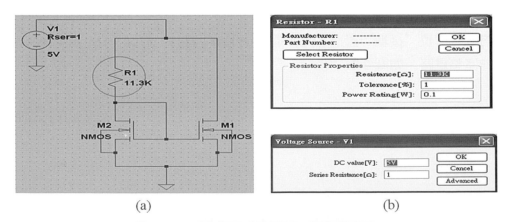

(a)　　　　　　　　　　　　　　　　(b)

» 圖 2-18　電路電阻及電壓源元件數值的鍵入
(Permission by Analog Devices, Inc., copyright © 2018-2021)

　　將滑鼠移至電源上，按滑鼠右鍵，畫面上會出現一個小視窗 (如右上圖 2-18 (b))。輸入電源的電壓值，DC value: 5V、Series Resistance: 1。另外，將滑鼠移至電阻上，按滑鼠右鍵，畫面上會出現一個小視窗 (如右上圖 2-18(a))，可以輸入電阻的參數，Resistance: 11.3K、Tolerance:1、Power Rating:0.1。

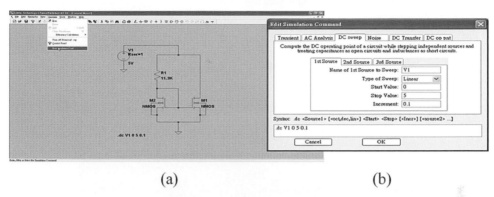

(a)　　　　　　　　　　　　　　　　　(b)

» 圖 2-19　模擬分析條件設定
(Permission by Analog Devices, Inc., copyright © 2018-2021)

　　以上的元件參數輸入完畢後，將滑鼠移至 Simulate => 選擇 Edit Simulation Cmd，畫面上會出現另一個小視窗 (如右上圖 2-19(b) 所示)。選擇 DC sweep 後可看到 "1st Source"、"2nd Source" & "3rd Source"。由於目前假設的變數為只有一個電壓源的部分，故只需使用到 "1st Source" 即可。Name of 1st Source to Sweep: V1、Type of Sweep: Linear、Start Value: 0, Stop Value: 5, Increment: 0.1，如圖 2-20 所示。

» 圖 2-20　電路圖轉文字網表格式
(Permission by Analog Devices, Inc., copyright © 2018-2021)

　　若需將此電路從圖形介面轉換成文字型式輸出時，則可點選 "View" 後選擇 Spice Netlist。出現如下的視窗後，可將其內容另存成文字檔，方便讓其他的軟體，如：PSPICE、HSPICE 等類似之電路模擬軟體使用。

```
* C:\Documents and Settings\lmy\My Documents\CYCU\Schemtic\Current Mirror.asc
R1 N001 N002 11.3K tol=1 pwr=0.1
V1 N001 0 5V Rser=1
M1 N001 N002 0 0 NMOS l=0.35u w=10u
M2 N002 N002 0 0 NMOS l=0.35u w=10u
.model NMOS NMOS
.model PMOS PMOS
.lib C:\Program Files\LTC\SwCADIII\lib\cmp\standard.mos
.dc V1 0 5 0.1
.backanno
.end
```

» 圖 2-21　文字網表格式

　　將 M1(NMOS) 的 Width 從 10um 改變成 20um，可以發現 M1 及 M2 的 Drain 端電流的差異約為兩倍，即 I(M1Drain) ≒ 2 * I(M2Drain)，此即驗證了電流鏡的功能。

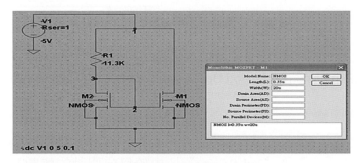

(a) 電流鏡元件尺寸設定

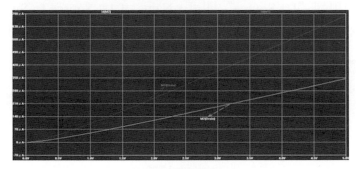

(b) 電流鏡模擬結果

» 圖 2-22　電流鏡建置與分析 (Permission by Analog Devices, Inc., copyright © 2018-2021)

2-1-2　元件節點標示

　　由於 SPICE 的傳統與基本語法對於二個端點至四個端點的元件，在進行電路分析與求解的過程中，需考量各元件內部預設的端點極性或節點名稱。因此，如圖 2-23(a) 的示範電路，為了進行電路圖的繪製時，所選取的元件能有正確極性的擺置，例如電阻元件通常採取的是上較正 (+) 下較負 (-) 或是左正 (-) 右負 (+) 的方式。而圖 2-23(b) 的 MOS 反相器電路，將 NMOS 的汲極端 (Drain，D) 標示出來，可以更容易分辨源極 (Source，S) 與汲極端。

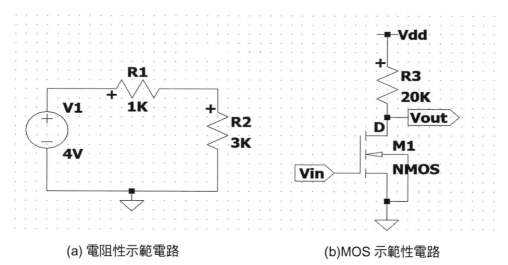

(a) 電阻性示範電路　　　　　　　(b)MOS 示範性電路

» **圖 2-23**　示範電路分析
(Permission by Analog Devices, Inc., copyright © 2018-2021)

如何進行 LTspice 工作視窗環境或元件庫的元件修正呢？ 以下，提供一示範的程序：

(1) 由於安裝於 C:\Program Files\LTC\LTspiceXVII 環境中的 examples 與 lib 等子目錄的內容是不允許學習者存取與修正，因此，將此路徑之 LTspiceXVII 複製後，另存於新的子目錄位置，如其路徑為 C:\Users\user\Documents\LTspiceXVII 就可以進行檔案或元件的修正與存取。先在工作視窗點選 open → lib → sym 選取 res.asy，如圖 2-24 的呈現。

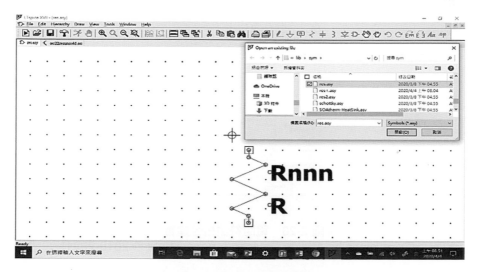

» **圖 2-24**　電阻符號極性建置 (1)

(2) 將此 res.asy 另存為 res+.asy 以便進行端點 + 的節點標示，雖然一電阻完整的標示應該有 +/- 兩端，為了簡潔起見，如圖 2-25 所示，只須標示 + 端就可以辨識正負端，以保持電路圖檔的更乾淨呈現。

(3) 接著，可以按照正常的程序，於工作視窗，點選 New Schematic，鍵入 res+，就可以使用帶有 + 端點的電阻符號，進行如圖 2-23 的示範電路建置。

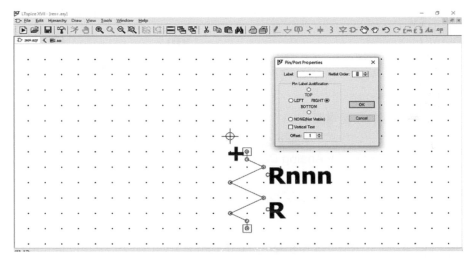

» 圖 2-25　電阻符號極性建置 (2)
(Permission by Analog Devices, Inc., copyright © 2018-2021)

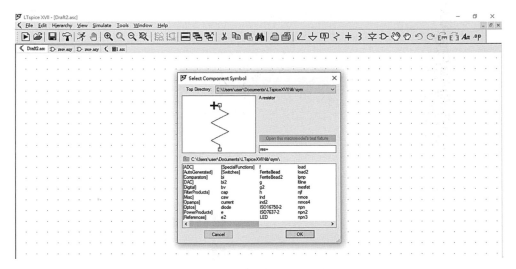

» 圖 2-26　電阻符號極性建置 (3)
(Permission by Analog Devices, Inc., copyright © 2018-2021)

由於 SPICE 主要是用來進行積體電路設計模擬的使用，因此，MOS 電路的建置，也是很重要。以下是說明如何標示出一四端點的 NMOS 元件的汲極端 (D) 的程序。

(1) 先在工作視窗點選 open → lib → sym 選取 nmos4.asy，如圖 2-27 的呈現。

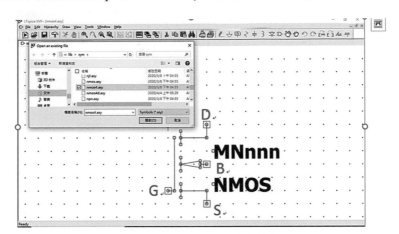

» **圖 2-27**　NMOS 符號極性建置 (1)
(Permission by Analog Devices, Inc., copyright © 2018-2021)

(2) 將此 nmos4.asy 另存為 nmos4d.asy 以便進行端點 D 的節點標示，雖然一 MOS 電晶體完整的標示，如圖 2-27 應該有 D/G/S/B 四端，而且，仔細觀察，是可以分辨出源極端 (S) 是與閘極端 (G) 的 L 型折線的轉折較近的端點。但是，為了簡潔易認起見，如圖 2-28 所示，只須標示 D 端就可以分辨出汲極端與源極端，以保持電路圖檔的更乾淨呈現。

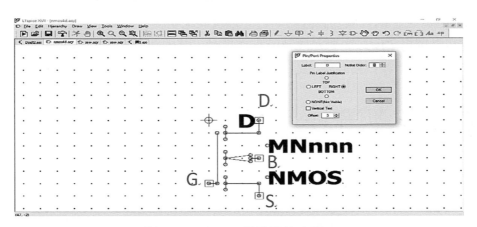

» **圖 2-28**　NMOS 符號極性建置 (2)
(Permission by Analog Devices, Inc., copyright © 2018-2021)

(3) 接著，可以按照正常的程序，於工作視窗，點選 New Schematic，鍵入 nmos4d，如圖 2-29 所示，就可以使用帶有 D 端點的 NMOS 符號，進行如圖 2-23 的示範電路建置。對於 PMOS 元件的 D 端點標示，也是類似的程序。

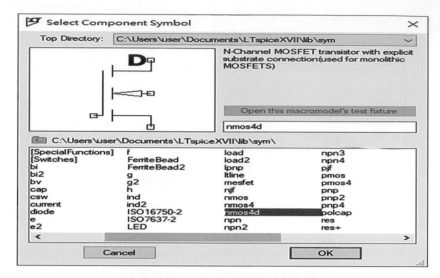

» 圖 **2-29** NMOS 符號極性建置 (3)
(Permission by Analog Devices, Inc., copyright © 2018-2021)

2-2 文字網表之結構

在上一章節的內容，看到 LTspice 工作視窗，利用電路圖輸入的方式進行電路的模擬與分析。在圖 2-20 與圖 2-21 也看到電路圖轉出文字網表的範例。在這一章節，將聚焦於 LTspice 文字網表輸入方式的學習，以及其文字網表的結構探討。為了能更掌握 SPICE 檔案之撰寫，所以先對元件及節點作探討，其他部分於後面再做說明。

實例 2-3

如圖 2-30 為一電壓源與電流源同時存在的電路，其中 Is=6A，V1=3V，電阻 R1~R4 如圖上所示之數值，嘗試由 LTspice 求出 V(N2) 的電壓值。

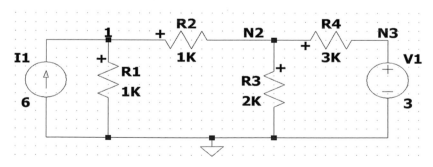

» 圖 **2-30** 典型之電阻性電路
(Permission by Analog Devices, Inc., copyright © 2018-2021)

　　LTspice 如要進行文字網表的輸入模式，首先需要產生一＊.sp 的文字檔案。進入 LTspice 的工作視窗，選擇 open → 檔案名稱可以鍵入如 exp2_3.sp，如圖 2-31(a) 所示，由於在這目錄中，無法找到此檔案，圖 2-31(b) 所示，就會出現 Do you want to create a new netlist file？選擇是 (Y) 後，就會出現如圖 2-32(a) 文字檔案編輯的視窗，依據 SPICE 的語法，可以完成圖 2-32(b) 的文字網表，準備進行模擬的執行。

(a) 產生 *.sp 檔案 　　　　　　　 (b) 選擇是 (Y) 產生 *.sp 檔案

» 圖 2-31　文字檔產生步驟
(Permission by Analog Devices, Inc., copyright © 2018-2021)

» 圖 2-32　(a) 產生內容空白之 *.sp 檔案　(b) 完成 *.sp 檔案
(Permission by Analog Devices, Inc., copyright © 2018-2021)

　　對於文字網表正確與有效的敘述，將會在接續的章節中詳細說明。圖 2-33 是執行模擬後，點選 Add Trace to Plot，選擇擬觀察之輸出變數，如 V(n2)，就可以完成圖 2-34 的模擬結果呈現。

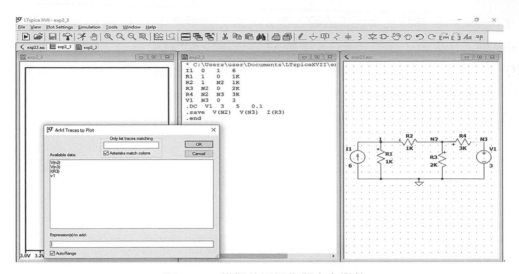

» 圖 **2-33** 模擬後選擇你觀察之變數
(Permission by Analog Devices, Inc., copyright © 2018-2021)

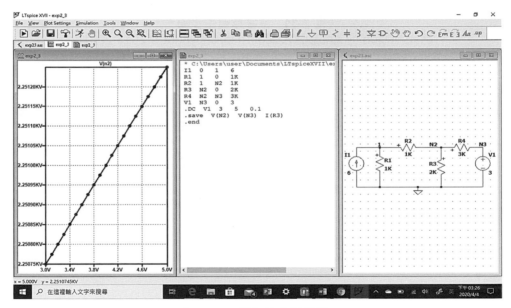

» 圖 **2-34** 模擬後之結果呈現
(Permission by Analog Devices, Inc., copyright © 2018-2021)

2-2-1　節點、元件與模型

以下針對文字網表的使用，在節點、元件及模型等項目進行探討。

1.　節點 (NODES)

節點是電路元件的輸入或輸出端點，在 SPICE 中，所有的節點都給予唯一的字元、數字或數字與字元混合的字串來表示。而決定節點數目字串 (node label) 的規則如下：

(1) 節點標示若為數目字，則須為正整數，如上例之 1 等 (而 LTspice 可直接取英文字母或阿拉伯數字為節點名稱)

(2) 節點數目字並不需隨大小排列來定義

(3) 節點數目字 (0) 是定義為參考節點或地點 (GROUND 或 GND)

(4) 節點必須有一直流路徑到地點

因此，在【實例 2-3】中及圖 2-30 所示，1、N2、N3 為節點，而 0 為參考節點或地點。

2.　元件 (ELEMENTS)

元件是電路中的組成要素 (components)，SPICE 所提供的主要元件包含電阻、電容、電感、電流源及電壓源、二極體、BJT、JFET、MOSFET 及一特別由使用者定義的元件，稱之為子電路或次電路 (subcircuit)。子電路在放大器電路的分析和應用上，以及層次化系統 (hierarchical system) 建構上極為有用，將於第三章詳細討論。對於電路中的各元件，需指定一名字 (NAME) 對應之，而訂定元件名字之規則如下：

(1) 元件名字之第一個字母標示元件型態，如 R 表示電阻，V 表示電壓源；一般名字，可由 1 到 8 個字母構成。

(2) 元件名字，除了每一個必須為定義之字母型態之外，其他部分，可由字母或數目字構成。但是，不可用特別的字組成，如空格等。

(3) 另外，在 SPICE 中，完整的元件敘述須提供下列的電路資訊：

a.　元件之型態 (TYPE)，如上例中之電阻，電流源等。

b.　元件之名字 (NAME)，如上例中之 R1、R2、V1 等。

c.　與元件相連接之節點，如上例中 R1 相接之節點為 1 及 0。

d.　元件之數值 (VALUE)，如上例中 R1 之值為 1KΩ。

對於元件之型態，SPICE 接受如表 2-1 所列之元件。

表 2-1　元件名字與字元之對應關係

字母	元 件 名 字
C	電容
D	二極體
E	電壓控制電壓源 (VCVS)
F	電流控制電壓源 (CCCS)
G	電壓控制電流源 (VCCS)
H	電流控制電壓源 (CCVS)
I	獨立電流源
J	接面場效電晶體 (JFET)
K	互感或耦合電感
L	電感
M	金氧半場效電晶體 (MOSFET)
Q	雙極性接面電晶體 (BJT)
T	傳輸線 (Transmission line)
V	獨立電壓源
X	子電路元件

所以於【實例 2-3】中，用到的元件名字、型態共有三種，即 R、V 及 I。至於 .SAVE 敘述、.END 敘述及標題行 (* C:\Users\user\...) 等之用法，會於下面之章節探討。在進入下一節之主題前，另需說明模型的使用法。

3.　模型 (MODELS)

在 SPICE 中，模型敘述是用來定義模型參數，並設定被動或主動元件相關之參數集。基本上，一完整的模型敘述可參考底下之格式：

.MODEL MNAME TYPE (PNAME1=VAL1　PNAME2=VAL2……)

其中，各關鍵字的說明如表 2-2 的解釋。

表 2-2

MNAME	模型名稱；元件須藉由此名稱來對應模型。
TYPE	選擇模型之型態，與元件有關，規定如下：
C	電容模型
D	二極體模型
L	線圈或互感模型
R	電阻模型
NPN	NPN BJT 模型
PNP	PNP BJT 模型
NJF	N 通道 JFET 模型
PJF	P 通道 JFET 模型
NMOS	N 通道 MOSFET 模型
PMOS	P 通道 MOSFET 模型
PNAME1、PNAME2	參數之名稱
MNAME	模型名稱；元件須藉由此名稱來對應模型。

註 模型中參數與參數間之寫法可以空格或 "，" 來區隔，其作用是一致的。

　　另外，模型參數名稱必須根據 SPICE 之規定給予；即每一特定模型，其型態之每一參數在 SPICE 中皆有一預設值 (default value)，模型參數可以空白或逗號分隔，而對於下一行之連續描述，可加一 "+" 號於句首表示。

實例 2-4

　　圖 2-35 所示為一典型的 RC 電路，其目的是說明 SPICE 中電阻宣告的例子。R1 的數值標示，同時考量具有一階與二階之溫度係數 tc=0.1，0.01 的變化。

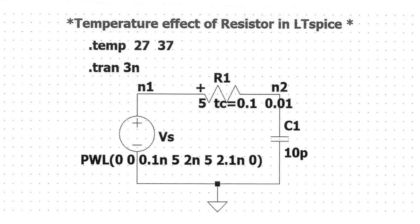

» 圖 2-35   RC 電路

(Permission by Analog Devices, Inc., copyright © 2018-2021)

圖 2-35 RC 電路，其相對之 LTspice 輸入文字網表檔案如下：

```
* C:\Users\user\Documents\LTspiceXVII\examples\exp2_4.asc
Vs n1 0 PWL(0 0 0.1n 5 2n 5 2.1n 0)
R1 n1 n2 5 tc=0.1 0.01
C1 n2 0 10p
.tran 3n
.temp  27  37
* *Temperature effect of Resistor in LTspice *
.backanno
.end
```

在【實例 2-4】中，可以看到電阻模型宣告的例子，其中電阻模型參數之描述如表 2-3。而實際電阻值，則可以代入式 (2-1) 計算。

```
Rxxx n1 n2 <value> [tc=tc1, tc2, ...] [temp=<value>]
```

表 2-3   電阻模型參數表

參數名稱	代表意義	單位	預設值
R_VALUE	輸入電阻值	ohm	1
tc1	一次溫度係數	$1/℃$	0
tc2	二次溫度係數	$1/℃^2$	0

實際電阻值隨溫度變化之公式，如下之描述：

$$R = R_0*(1+\Delta T*tc1+\Delta T^2*tc2+\Delta T^3*tc3+\cdots) \tag{2-1}$$

其中 R_0 是正常溫度下的電阻值，ΔT 是操作時的指定溫度與正常溫度的差值，如【實例 2-4】之溫度 Temp 為 27 及 37°C，(在 LTspice 及 PSpice 中，正常溫度的預設值為 27°C，HSPICE 為 25°C)。在積體電路製程中，常有複晶矽電阻，井區電阻或 n，p 型擴散電阻可供選擇使用，在使用時除了要注意其溫度係數外，亦需考量井區電阻或 n，p 型擴散電阻受到偏壓之效應。在 LTspice 只考量溫度係數，無法進行電壓係數的設定。圖 2-36 所示為 RC 電路在不同溫度下之模擬結果

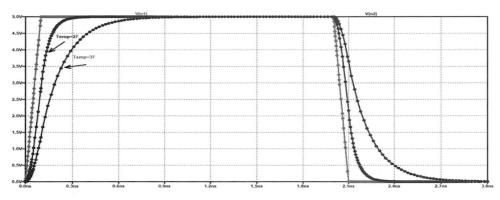

» 圖 **2-36**　RC 電路在不同溫度下之模擬結果
(Permission by Analog Devices, Inc., copyright © 2018-2021)

2-2-2　標題、註解與結束敘述

在上節中，了解節點元件及模型描述後，可進一步地將 SPICE 的輸入電路檔案格式描述於下：

1.　標題 (TITLE)

任何一字或符號出現於 SPICE 檔案之第一列，將會被視為標題，並將被重複地列印在 SPICE 輸出檔的每一頁上緣，如【實例 2-4】中之 * C:\Users\user\Documents\LTspiceXVII\examples\exp2_4.asc 即為標題。

2.　註解 (COMMENTS)

註解敘述可以加於標題與結束 .END 之間的任何一列中，註解的第一個符號須為"*"。註解的目的，為了增加文字網表的可讀性。

3. 結束 (.END)

.END 實際上是屬於 SPICE 的控制敘述之一，且其必須是放在所有輸入電路檔案中的最後一列，如缺此敘述，SPICE 執行時將出現錯誤訊息。

---

* 標題敘述

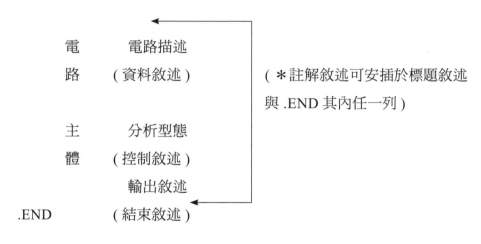

電　　　電路描述
路　　　（資料敘述）　　　　　　（ ＊註解敘述可安插於標題敘述

　　　　　　　　　　　　　　　　與 .END 其內任一列)

主　　　分析型態
體　　　（控制敘述）
　　　　輸出敘述
.END　　　（結束敘述）

2-2-3　資料敘述 (DATA STATEMENTS)

SPICE 是以節點分析法為架構，因此資料敘述主要的就是利用 2-2-1 所討論的節點、元件、模型之關係，來描述電路元件及其連接情形。對於每一等待分析之電路，必須告訴 SPICE 該電路的組成元件名稱，元件值及其相連之節點名字與節點數。另外在資料敘述之中，極性 (polarity) 亦相關到元件之電流，電壓之行為 (behavior)。一般而言，第一節點是較第二節點為正，此即暗示著電流之參考方向是由第一節點到第二節點。

另外，SPICE 使用下列的數值代號來描述元件數值

F = 1E-15	M = 1E-3
P = 1E-12	K = 1E3
N = 1E-9	MEG = 1E6
U = 1E-6	G = 1E9
A = 1E-18	T = 1E12

該注意的是英文大小字母寫法，皆代表同一數值代號。但是，唯一與平常用法不同之處即是 M 表示 1E-3 非 1E6，F 是表示 1E-15，而非 FARAD，切記！

相對於數值代號，SPICE 對單位代號 (unit) 並不做任何處理，單位代號如 OHM、Hz，只是為了增加文字檔案可讀性。因此，對 SPICE 而言，下列之描述 5V、5、5Ω 等，皆代表一個相同的數值 5。

2-2-4　控制敘述 (CONTROL STATEMENTS

控制敘述主要目的是要求 SPICE 軟體執行指定的分析型態與輸出型式；在 SPICE 中，控制敘述指令是以 "." 為首，其後為控制字元。通常，控制敘述為一 SPICE 指令伴隨著一區域用來描述所需分析之參數。而這些參數的數目與型式與模擬執行的分析型態相關。基本上，本章中所著重的分析指令，主要為 DC 直流分析、AC 交流分析以及 TRAN 暫態分析，而較完整的 LTspice 可以接受的控制敘述節錄於表 2-4 中，這些控制敘述亦包含了下節之輸出敘述，如 .SAVE 等，表 2-4 列出主要的 LTspice 控制敘述。

表 2-4　SPICE 之主要控制敘述

敘述	用　　　　　　途
.AC	要求執行電路之交流分析 (頻率響應)
.DC	要求執行電路之直流分析，SPICE 允許 VOLTAGE 或 CURRENT 掃描分析 (HSPICE 可允許所有參數化之變數作掃描分析)
.BACKANNO	此指令會自動包含在所有由電路圖 (*.asc) 所產生的每個 LTspice XVII 網表中。它可以指引 LTspice 利用 .raw 文件中包含的信息，該信息可用於通過 pin 名稱標示來檢測流過元件的電流。
.END	輸入檔案之最後一列
.ENDS	次電路之結束
.FOUR	要求執行傅立葉分析
.IC	暫態分析之初值條件設定
.NODESET	在直流及暫態分析中，設定猜測之初值條件
.NOISE	要求執行雜訊分析
.OP	要求執行靜態點分析
.OPTIONS	可允許重設各項之軟體參數及設定其他功能
.SAVE	指定輸出變數之內容，減少資料儲存的佔用空間
.SAVEBIAS	儲存操作點資訊到磁碟中
.LOADBIAS	載入之前已經解過的直流解

表 2-4　SPICE 之主要控制敘述 (續)

敘述	用　　　　　途
.TEMP	指定執行之溫度環境
.TF	定義轉換函數之輸入／輸出節點
.TRAN	要求執行暫態分析
.PARAM	使用者自訂的參數
.STEP	提供參數化的掃瞄
.GLOBAL	此指令允許你宣告子電路中提到的某些節點不是子電路本地局部的，而是為全域性的節點
.SUBCKT	定義一子電路
.INCLUDE	這指令可以呼叫檔案嵌入於 SPICE 的文字網表中，對於置入模型庫或子電路庫於 SPICE 網表中很有用

以下，所呈現的是一典型的電路描述實例：

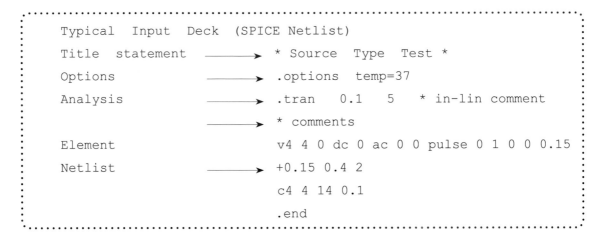

```
Typical  Input  Deck  (SPICE Netlist)
Title   statement   ──────▶  * Source  Type  Test *
Options             ──────▶  .options  temp=37
Analysis            ──────▶  .tran  0.1  5  * in-lin comment
                    ──────▶  * comments
Element                      v4 4 0 dc 0 ac 0 0 pulse 0 1 0 0 0.15
Netlist             ──────▶  +0.15 0.4 2
                             c4 4 14 0.1
                             .end
```

2-2-5　輸出敘述 (OUTPUT STATEMENTS)

LTspice 的輸出敘述在於描述模擬結果，主要指令是 .SAVE。這些指令可將 LTspice 模擬的結果列印或繪成圖表，以供分析及設計用。一般而言，這些指令的基本用法如下：

.SAVE 指令可以指定擬儲存的輸出變數。.SAVE 之基本格式如下：

.SAVE　XX <OUTPUT VARIABLE>

其中　XX = DC 或 AC 或 TRAN 等

實例 2-5

在以下的範例中 .SAVE 之執行範例，如圖 2-37 所示。

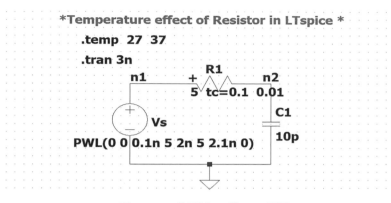

» **圖 2-37**　典型之一階 RC 電路
(Permission by Analog Devices, Inc., copyright © 2018-2021)

.SAVE TRAN I(R1) V(n2) V(n1)

2-3 　重疊定理之應用

在多個電源電路中，某一支路電流或某一節點電壓等於各個電源單獨作用於此網路時，在該支路的電流或該節點電壓之代數和。如前章節，圖 2-38 為一電壓源與電流源同時存在的電路，因此在理論分析部分，重疊定理 (superposition theory) 可用於電路的研析。此定理之進行步驟如下：

1. 先考慮第一個電源，移走其他電源，也就是將其他電源中之電壓源短路，電流源斷路。

    (1) 電壓源短路：消除電位差，即令 V = 0；理想電壓源的內部阻抗為零 (短路)。

    (2) 電流源斷路：消除電流，即令 I = 0；理想電流源的內部阻抗為無窮大 (開路)。

2. 求出該電源對元件的效應 (指電壓或電流而言)。

3. 對電路中的每一個電源，重覆步驟 1 及 2 來處理。

4. 電源分別計算完後，將所有求出之電流，進行相加減。極性方向相同為加，反之則為減，其所得的結果為全部電源對此元件的總效應。

值得注意的是對於獨立電流源之描述，其寫法為由電流符號箭尾描述至箭頭；即節點 0 → 節點 1。而獨立之電壓源與電阻描述時，都以第一節點為電位較正之端點。

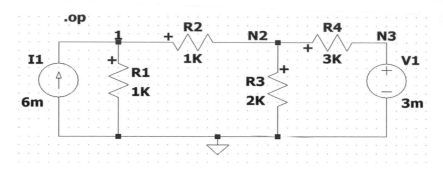

» 圖 2-38　具電流源與電壓源之電阻性網路
(Permission by Analog Devices, Inc., copyright © 2018-2021)

圖 2-38 所示之電流源與電壓源之電阻性網路，以及其對應之 LTspice 輸入文字網表 (SPICE 程式碼) 列於如下：

```
* C:\Users\user\Documents\LTspiceXVII\examples\exp238.asc
I1 0 1 6m
R1 1 0 1K
R2 1 N2 1K
R3 N2 0 2K
R4 N2 N3 3K
V1 N3 0 3m
.op
.end
```

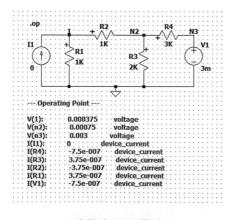

(a) 重疊定理子電路 (1)

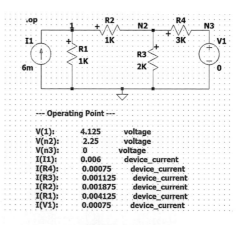

(b) 重疊定理子電路 (2)

» 圖 2-39　重疊定理子電路
(Permission by Analog Devices, Inc., copyright © 2018-2021)

透過圖 2-39(a) 與 2-39(b) 的二個子電路，以及每次只讓一個電源作用 (V1 或 I1)，經 LTspice 執行的個別模擬結果加總後，也就是透過重疊定理或疊加原理的步驟後，其結果與圖 2-40 原始電路直接執行的結果完全一致。

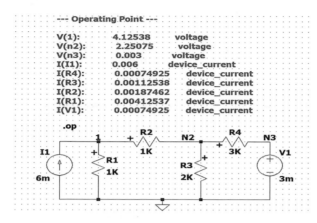

» **圖 2-40**　原始電路模擬結果 (.op 靜態工作點數據)
(Permission by Analog Devices, Inc., copyright © 2018-2021)

實例 2-6

對於重疊定理的學習，再針對一電流源與電壓源共存之電阻性網路，如圖 2-41 之電路，求流經 8Ω 之電流大小。

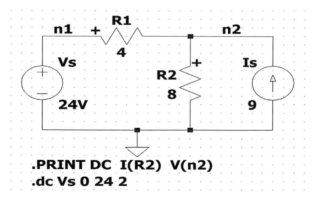

» **圖 2-41**　具電流源與電壓源之電阻性網路
(Permission by Analog Devices, Inc., copyright © 2018-2021)

≫ 解題說明

(a) 檢視本題之電路中，可以發現有二個電源 (一個是左側的電壓源，另一個是右側的電流源)，故可分別將本電路依二個不同的電源分解成圖 2-41(a) 及圖 2-41(b)

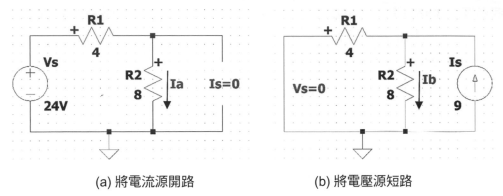

(a) 將電流源開路　　　　　　　(b) 將電壓源短路

» 圖 2-42　重疊定理步驟分析 (Permission by Analog Devices, Inc., copyright © 2018-2021)

(b) 在圖 2-42(a) 中，將電流源開路，只求 24V 的電動勢造成流經 8Ω 電阻的電流大小 Ia

$$Ia=24/(4+8)=2(A)$$

(c) 在圖 2-41(b) 中，將電壓源短路，只求 9A 的電流源提供流經 8Ω 電阻的電流大小 Ib

$$Ib=9x(4/(4+8))=3(A)$$

(d) 將 Ia 及 Ib 相加 (由於電流方向皆為向下，故可直接相加)，即可得到

$$I=Ia+Ib=2+3=5(A)$$

註 此例題的傳統 SPICE 所用的控制敘述 .PRINT 與 LTspice 專有的 .SAVE 比較，兩者是執行同樣的功能，而 LTspice 都接受此二控制敘述。

2-4　SPICE 輔助分析之應用探討

2-4-1　直流分析與應用

在了解 SPICE 之語法與各項敘述後，接著須探討 SPICE 電路分析方法。首先，即是 SPICE 的直流分析；在此類分析中，所有獨立和相依電源都是直流型態的，而且將電感短路及電容斷路，利用控制敘述，可視需要得到下列各項之模擬結果：包括直流掃描 (.DC SWEEP)、直流工作點 (.OP) 及小訊號轉移函數 (.TF)。詳細之使用，分析如下：

1.　.DC(直流掃描)

此項分析之主要目的是由輸入變數在某一範圍內掃描變化 (即遞增或遞減變動)，則 SPICE 可針對每一輸入值計算直流偏壓點及小訊號增益，這些資料將提供給暫態分析及小訊號分析參考使用。而 .DC 之基本模式與例子說明如下：

.DC	VX	VSTART	VSTOP	INCRM
.DC	IX	ISTART	ISTOP	INCRM

其中 VX、IX 為電壓源及電流源，VSTART 及 ISTART 為起始值，VSTOP 及 ISTOP 是截止值，而 INCRM 為遞增值。起始值不一定小於截止值，在此情況下，INCRM 將是一負值。

實例 2-6a

對下面之電路，利用 SPICE 求出 R2 上之電流與電壓，其中 VS 是由 0 到 10V 變，每一遞增量為 1V。

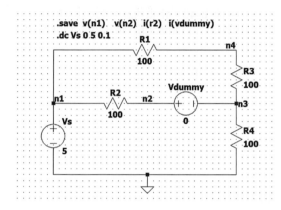

» **圖 2-43**　(a) 電阻性網路之直流掃描
(Permission by Analog Devices, Inc., copyright © 2018-2021)

由圖 2-43(a)，可以看到 R2 串接一 0V 的 Vdummy 的電壓源，其目的是提供一可以追蹤流過 R2 分支電流的電壓源，其對應之 LTspice 的文字網表 (輸入檔案) 如下，而 LTspice 模擬結果，則如圖 2-43(b) 所示，也驗證 I(R2) = I(Vdummy)。

```
* C:\Users\user\Documents\LTspice_Book\Book202002\exp2p6a.asc
R1 n1 n4 100
R2 n1 n2 100
R3 n4 n3 100
R4 n3 0 100
Vs n1 0 5
Vdummy n2 n3 0
.dc Vs 0 5 0.1
.save  v(n1)    v(n2)    i(r2)    i(vdummy)
.backanno
.end
```

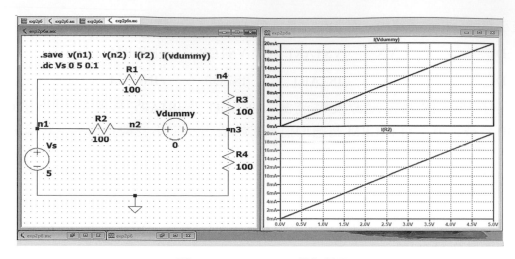

» 圖 2-43　(b)LTspice 模擬結果
(Permission by Analog Devices, Inc., copyright © 2018-2021)

【實例 2-6a】之 LTspice 輸出結果如下：(Note: I(Vdummy) = I(R2))

---

2. .OP(直流偏壓點)

在直流掃描及小訊號轉移函數分析中，SPICE 須先模擬電路靜態工作點，以便計算非線性元件的小訊號參數，而 .OP 的目的則在執行偏壓點的計算與印出。

3. .TF(小訊號轉移函數)

.TF 指令在 SPICE 中是用來計算模擬分析電路中的三個特性，即計算電路中轉移函數增益，相對於輸入源之阻抗及相對於輸出源的阻抗。其基本格式如下：

.TF　<OUTPUT VARIABLE>　<INPUT SOURCE>

如將 .TF 寫入 SPICE 輸入檔案中，輸出檔案，將包含下列資料，即：

(1) OUTPUT VARIABLE 與 INPUT SOURCE 之比值。

(2) 相對於 INOUT SOURCE 之輸入阻抗。

(3) 相對於 OUTPUT VARIABLE 之輸出阻抗。

以上的電路，主要是探討電阻性電路，而直流分析在主動元件 (如二極體或電晶體) 所構成的應用電路也有其重要性。以下，將透過二小節，介紹二極體構成的電路，並進行 SPICE 的直流分析應用。

2-4-2　二極體整流電路分析

　　二極體是積體電路設計所用到的最基礎主動元件，通常二極體具備有以下的電流特性，當此二極體的順向偏壓大於導通的起始電壓 (Vfwd)，就會呈現如以下之方程式指數函數增加的電流特性。

$$I_D = I_s \left[e^{\frac{qV_D}{nV_T}} - 1 \right] \tag{2-2}$$

$$V_D = V_T \ln \left(\frac{I_D}{I_S} + 1 \right) \tag{2-3}$$

其中的 Is 是反向飽和電流，n 是 Emission coefficient。V_T 是熱電壓，常溫約為 26mV。(通常 n ～ 1)

實例 2-7

　　如圖 2-44 所示，觀察流經 Diode 之電流大小。

≫ 解題說明

首先，先利用 LTspice 開啟一新的電路，選擇一顆二極體元件、電阻與獨立電壓源符號，分別給予適當的元件數值，D1 二極體，點選 LTspice 已經建置好的元件庫 1N914 的二極體模型，再經由接線，就可以完成如圖 2-43 的電路。接著，進行直流掃描分析，觀察 Vps 電源在 0 ～ 5V 的增加範圍，觀察二極體電流 I(D1) 的變化。其結果如圖 2-44(b) 所示。可以觀察到 V(2) 的電壓沒有很大的變化 (440 ～ 660 mV)，但電流成指數函數的增加。

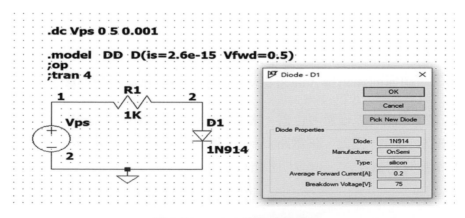

» 圖 2-44　(a) 二極體基礎電路

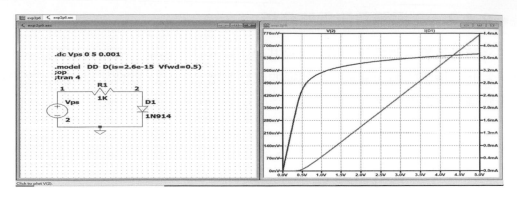

» 圖 2-44　(b) 二極體電流 I(D1) 及 V(2) 的結果
(Permission by Analog Devices, Inc., copyright © 2018-2021)

2-4-3 二極體限位電路分析

實例 2-8

如圖 2-45 所示，觀察流經 Diode 之電流大小。

≫ 解題說明

在下面的電路中確定 V0，因為 Vin 從 –5 到 +5 V 不等。兩個二極體相同，飽和電流為 IS = 10^{-15}A。

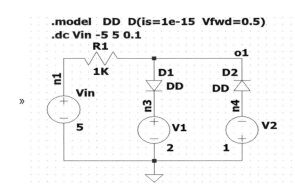

» 圖 2-45　二極體限位器
(Permission by Analog Devices, Inc., copyright © 2018-2021)

圖 2-45 之電路稱為二極體限位器。當 D1 短路時，輸出電壓為 2V。當 D2 短路時，輸出電壓為 –1 V。因此，該電路限制 –1 和 2 V 之間的輸出電壓。 實際上，整個二極體的電壓降約為 0.7V。這說明預計輸出電壓在 –1.7 V 到 2.7 V 之間大約變化。

圖 2-46 呈現了輸入電壓 V(n1) 和輸出電壓 V(o1)。

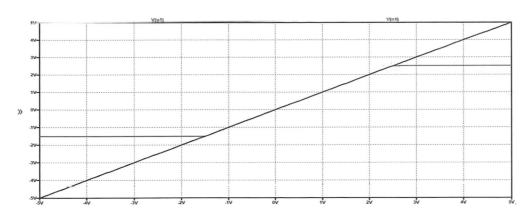

» **圖 2-46**　二極體限位器模擬結果
(Permission by Analog Devices, Inc., copyright © 2018-2021)

2-4-4　暫態分析與時域響應

在 SPICE 的軟體環境中，可執行的暫態分析包含有時域響應 (*TRAN) 及傅立葉分析 (.FOUR)。在此節中，將著重於 .TRAN 使用。另外，由於暫態分析中，對於偏壓點及小訊號參數的計算必須考慮電路節點的初值條件，包括電容元件的初值電壓及電感元件的初值電流，而在暫態分析中初值條件的設立有 .IC、.NODESET 及 IC= 之使用。

1.　.TRAN(暫態分析)

.TRAN 控制敘述之基本格式如下：

.TRAN <Tstep> <Tstop> [Tstart [dTmax]]

其中 Tstep 為列印時或繪圖形之時間增量，而 Tstop 為終止時間，dTmax 則為最大計算區間。一般而言，dTmax 的設定，是用以確定實際計算時間間隔小於 Tstep。如 dTmax 未給定，則其預設值將會採取 TSTEP 中或 (Tstop-Tstart)/50 中較小者為時間間隔。而 Tstart 為輸出檔案開始列印之時間。另外，UIC 是代表 USE INITIAL CONDITIONS 之縮寫，UIC 的是否使用，影響了非線性元件的小訊號參數。一般情況，其是與 .IC 合用，將下一段說明。

2.　.IC

在電流分析中，RLC 電路通常有初值電壓，與初值電流的存在，而在 SPICE 中，則可利用 .IC 來設定節點之初值電壓，以計算暫態分析時的偏壓點及非線性化元件在偏壓點的線性化參數。.IC 之基本格式如下：

.IC　V(NODE#) = VALUE……

在暫態分析中，.TRAN 敘述如含有 UIC 之使用，則平常之偏壓點計算則不執行，而由 .IC 所指定之電容電壓或電感電流來計算電路電壓在 time = 0 的變數，而在下一個時間間隔，分析則按正常地執行。

3. .NODESET

.NODESET 的目的是給予電路中某些節點猜測之電壓值，以使 SPICE 較容易計算出直流偏壓點。.NODESET 與 .IC 之基本格式相同，如下：

.NODESET　V(NODE#) = VALUE……

一般而言，.NODESET 在電路中如有一個以上的穩態存在時，(如正反器電路) 極為有用。因此，由上之指令與分析，暫態除在零輸入及零態響應上，有其重要性外，在決定邏輯閘電路之步階或脈波響應，亦很有用。

4. IC = value

上項指令的初值條件設立，是直接寫在元件敘述之後，如【實例 2-9】，其用處是已確知某元件所跨過之初值電壓 V(n2)，但並不知其確定的各端點電壓時，即可用此設定。以下利用【實例 2-9】來探討一利用 SPICE 執行之暫態響應分析。

實例 2-9

如圖 2-47(a) 所示，利用 SPICE 對以下的電路使用 .IC=、IC= 及 .TRAN 使用 UIC 作下面各種情況之暫態響應分析。

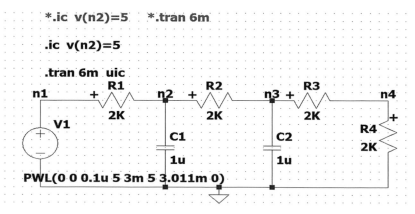

» 圖 2-47(a)　階梯式 RC 電路圖
(Permission by Analog Devices, Inc., copyright © 2018-2021)

輸入檔案內容

```
* C:\Users\user\Documents\LTspice_Book\Book202002\uicex29.asc
R1 n1 n2 2K
R2 n2 n3 2K
R3 n3 n4 2K
R4 n4 0 2K
C1 n2 0 1u
C2 n3 0 1u
V1 n1 0 PWL(0 0 0.1u 5 3m 5 3.011m 0)
.tran 6m  uic
.ic  v(n2)=5
* *.ic  v(n2)=5
* *.tran 6m
.backanno
.end
```

在這模擬檔中，在主程式之設定下，進行下列狀況之探討；

　　.IC V(n2)=5V，使得 C1 具有初值電壓 5V，C2 不具有初值電壓。

　　由模擬結果與以下之輸出圖形可知：當 C1 具有初值電壓 5V 時，暫態分析於節點 2 之初值由 5V 開始模擬，如圖 2-47(b) 所示。

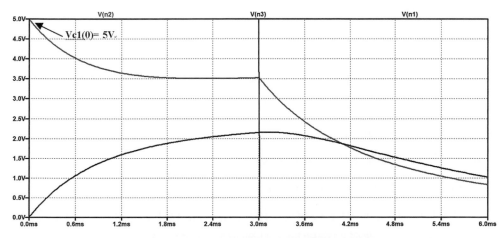

» 圖 2-47(b)　階梯式 RC 電路圖模擬結果
(Permission by Analog Devices, Inc., copyright © 2018-2021)

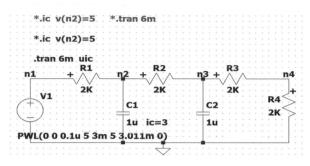

» 圖 2-48(a)　階梯式 RC 電路圖 C1 元件敘述具有 3V 之初值條件
(Permission by Analog Devices, Inc., copyright © 2018-2021)

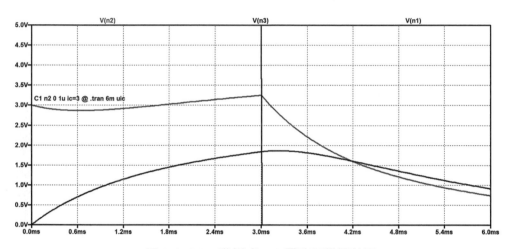

» 圖 2-48(b)　階梯式 RC 電路圖模擬結果
(Permission by Analog Devices, Inc., copyright © 2018-2021)

5.　暫態分析之激勵波形

　　由於暫態分析主要是執行各種電路在時間領域中之響應，因此 SPICE 亦提供各種輸入激勵 (stimulus 或 excitation)，作為各類電路不同之需要。基本上，包含指數 (Exp) 脈波 (Pulse)、片段線性波 (PWL)、正弦波 (SIN) 及單頻率調頻波 (SFFM) 等輸入型態。在本節中，將以電路分析中較常用到的四種電源模型做較詳細之介紹。

(1) 指數電源 (Exponential Source)

　　指數電源波形及基本格式如下之說明：

　　EXP(V1 V2 TRD TRC T FD TFC)

　　其中 V1 及 V2 是使用者按實際情況設定。而 TD1 為波形大小保持為 V1 的延遲時間，然後，波形按指數地上升到 V2，其中上升時間常數為 TRC。在 TD2 時間之後，此波形亦指數地從 V2 降至 V1，細下降時間常數為 TFC。

表 2-5　指數波形之參數定義

參數名稱	定　　義	單位	預設值
V1	起始電壓	伏特	無
V2	峰值電壓	伏特	無
TD1	電壓上升前延遲時間	秒	0
TRC	電壓上升時時間常數	秒	TSTEP
TD2	電壓下降前延遲時間	秒	TD1+TSTEP
TFC	電壓下降時時間常數	秒	TSTEP

　　指數電源的主要應用是已知某個電路之響應具指數波形時，則可利用上述之指數電源作為下一連接電路之輸入波形描述。

實例 2-10

　　已知 V1=1V，V2=2V，TD1=10ns，TRC=20ns，TD2=40ns，以及 TFC=50ns，則指數電源波形之描述如下：

≫ **解題說明**

　　如圖 2-49(a) 及 (b)，完成一指數激勵波形 Exp(1 2 10ns 20ns 40ns 50ns) 的電路模擬及波形的呈現。

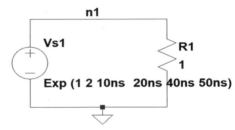

» **圖 2-49(a)**　指數激勵波形電路範例

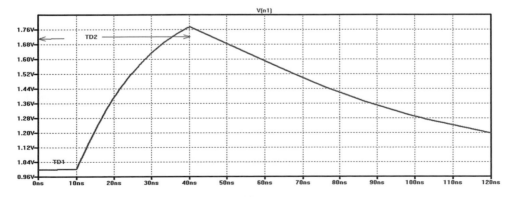

» **圖 2-49(b)**　指數激勵波形範例之模擬結果

(Permission by Analog Devices, Inc., copyright © 2018-2021)

(2) 脈波電源 (Pulse Source)

脈波電源波形與格式如下之描述：

PULSE(V1 V2 TD TR TF PW PER)

表 2-6　脈波電源之參數定義

參數名稱	定　　義	單位	預設值
V1	起始電壓	伏特	無
V2	激勵電壓	伏特	無
TD	延遲時間	秒	0
TR	上升時間	秒	TSTEP
TF	下降時間	秒	TSTEP
PW	脈波寬度	秒	TSTOP
PER	週　　期	秒	TSTOP

實例 2-11

已知有一 duty cycle 為 50% 的方塊波，提供至圖 2-50 的電路，其信號頻率為 1kHz，基準電壓為 0 volt，大小為 5V，延遲時間為 0.1m 秒，上升及下降時間為 10u sec，以脈波電源波形表示之。

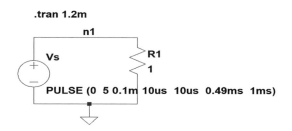

» **圖 2-50(a)**　脈波激勵波形輸入的電路
(Permission by Analog Devices, Inc., copyright © 2018-2021)

由 於 duty cycle 為 50%，信 號 頻 率 為 1KHz。 因 此， 可 知 其 週 期 為 1/f=1KHz=1ms=PER，而脈波寬度，可由下列計算求得：

1ms/2 = 0.5ms，PW=0.5ms – 0.01ms = 0.49ms

因此，其脈波波形可以描述如下：

```
* C:\Users\user\Documents\LTspice_Book\Book202002\exp2_11.asc
Vs n1 0 PULSE (0 5 0.1m 10us 10us 0.49ms 1ms)
R1 n1 0 1
.tran 1.2m
.backanno
.end
```

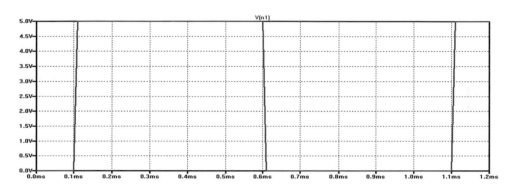

» **圖 2-50(b)**　脈波激勵波形輸入的模擬結果
(Permission by Analog Devices, Inc., copyright © 2018-2021)

(3) 片段線性波形 (PWL)

片段線性波形 (PWL：Piece-wise linear) 其格式及如圖 2-51 下之描述：

PWL(t0，V0，t1，V1，t2，V2，……，tn，Vn)

其中　t0，t1，t2，……，tn 是指其第 n 點之時間

V0，V1，V2，……，Vn 是指其第 n 點之大小

在表示格之逗處 (，) 可省略不用。

此種激勵波形在時間點的描述，須為單調遞增函數，即 t0<t1<t2<⋯<tn。

此種波形是用途最廣泛的輸入型態，由於描述方式極簡單，不須刻意去記憶波形之格式，故常被用來代替只需觀察前幾個週期之輸入脈波的需要。另外，在電路分析中，斜波函數 (ramp function)、三角形等皆很容易地以片斷線性式波形描述。在類比電路應用上，PWL 波形很適合作為輸出最大迴旋率 (slew rate) 及安定時間 (setting time) 等測試輸入波形之應用。

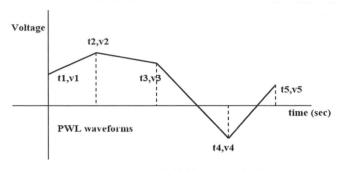

» 圖 2-51　片段線性波形示意圖

(4) 弦態波形 (SIN)

弦態波形 (SIN)，其格式及如圖 2-52 下之描述：

SIN(V1　V2　freq　td　df　phase)

其中

V1　　　代表補償電壓

V2　　　代表振幅峰值電壓

freq　　　代表輸入頻率

td　　　代表延遲時間

df　　　代表阻尼因數

phase 代表相角

SIN 波形可以描述成下之數學式

$$V = v_0 + Va * e^{-df(t-td)} * SIN [2\pi f(t - td) - (phase / 360))]$$

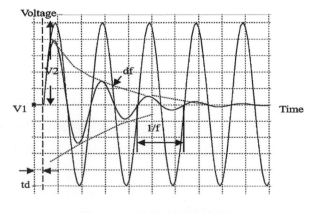

» 圖 2-52　弦態波形描述說明

實例 2-12

如圖 2-53(a) 所示，SIN(0 　　1V 　10KHz 　10us 　0 　　0DEG)

　　　　　　　　↓ 　↓ 　　↓ 　　　↓ 　　↓ 　　↓

　　　　　　　　Vo 　Va 　　freq 　　td 　df 　phase

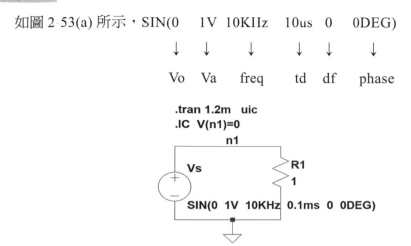

.tran 1.2m uic
.IC V(n1)=0

n1

Vs

R1
1

SIN(0 1V 10KHz 0.1ms 0 0DEG)

» **圖 2-53(a)**　弦態電路波形分析
(Permission by Analog Devices, Inc., copyright © 2018-2021)

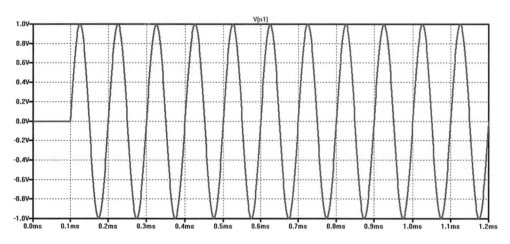

» **圖 2-53(b)**　弦態電路波形分析
(Permission by Analog Devices, Inc., copyright © 2018-2021)

　　在電路分析中，除了週期脈波、斜坡函數等之輸入應用外，弦態響應亦佔了重要的角色。弦態響應可用作相角分析 (phasor)、頻率響應及傅氏轉換 (Fourier Transform) 等應用。而在類比電路分析，弦態波形之輸入，可以用來判斷放大器在某指定之弦態輸入頻率下，在時間領域中的響應情形，是否呈現穩定輸出與振盪等情況。故弦態波形，在 SPICE 的電路分析中，亦是一種要之輸入波形。

2-4-5　交流與頻率響應分析

　　交流分析是 SPICE 軟體的另一重要功能，其可計算電路於某一頻寬頻率響應。基本上，SPICE 利用 .AC 指令先計算出電路之直流偏壓點，然後再計算所有非線性元件 (如電晶體等) 的等效小訊號電路，而藉由這些線性化的小訊號等效電路於某一頻率中進行頻率響應分析。交流分析 AC 之基本格式如下：

.AC	DEC	PTS	FSTART	FSTOP
.AC	OUT	PTS	FSTART	FSTOP
.AC	LIN	PTS	FSTART	FSTOP

　　頻率響應之頻寬先由 FSTART 開始到 FSTOP 截止，而其中點數 (PTS) 的指定可以每十進制 (DEC) 或每八進制 (OCT) 多少點之對數座標分析，或是在頻寬中做線性頻掃描 (LIN)，此時，PTS 則為指定之線性等間隔的點數。一般而言，所分析之頻寬如很窄時，可用線性頻率；掃描如很寬時，則可採用對數式之頻率掃描。

　　交流頻率響應分析，主要的目的是要得到電路指定輸出端點的大小 (magnitude) 或相位 (phase) 之變化。因此，交流分析的輸出變數帶有弦波性質，且以複數表示。而輸出可以強度大小、相位、波群延遲 (group delay)、實數部分及虛數部分表示，如下列之說明：

　　輸出變數 VX 或 IX，其中 X 為

　　M ：振幅大小

　　DB：以 20LOG M 表示之分貝值

　　P ：相位大小

　　G ：波群延遲 =phase/frequency

　　R ：實部

　　I ：虛部

實例 2-13

　　利用 SPICE 對圖 2-54 之電路作交流頻率分析。輸入電源為 AC IV，頻率由 1 Hz 變化到 1 MEGHz，分析採每十進制 5 點之方式。求節點 V0 之相位與分貝大小變化。

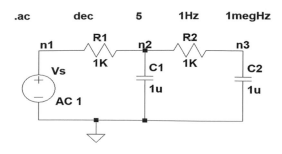

» 圖 **2-54(a)**　階梯式 RC 電路

```
*  C:\Users\user\Documents\LTspice_Book\Book202002\
exp2_13ladderRC.asc
Vs n1 0 AC 1
R1 n1 n2 1K
R2 n2 n3 1K
C1 n2 0 1u
C2 n3 0 1u
.ac             dec            5        1Hz        1megHz
.backanno
.end
```

輸出結果圖示 (Bode Plot)，如圖 2-54(b) 所示。

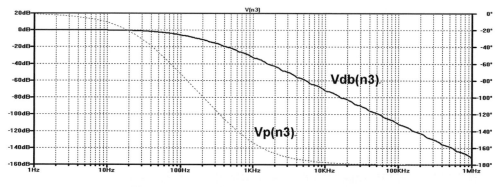

» 圖 **2-54(b)**　階梯式 RC 電路交流模擬結果

2-4-6 基本 RL 電路

在此節中將利用 SPICE 來分析 RL 電路的響應，並說明 SPICE 暫態分析的使用。

實例 2-14

用 SPICE 分析圖 2-55 電路的暫態響應

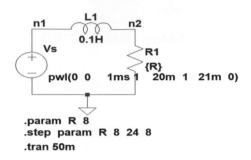

.param R 8
.step param R 8 24 8
.tran 50m

» 圖 2-55(a) RL 電路
(Permission by Analog Devices, Inc., copyright © 2018-2021)

在此例中，在暫態分析的敘述加上電阻 R 值由 8 歐姆掃描至 24 歐姆，觀察其對電路輸出節點之影響。輸入為一步階脈波，其上升時間為 1ms，大小為 1 volt。

LTspice 文字網表輸入檔案內容：

```
* C:\Users\user\Documents\LTspice_Book\Book202002\exp2_14rl.asc
Vs n1 0 pwl(0 0 1ms 1 20m 1 21m 0)
R1 n2 0 {R}
L1 n1 n2 0.1H
.param R  8
.step  param  R  8  24  8
.tran 50m
.backanno
.end
```

» 圖 2-55(b) 呈現輸出圖形結果：(電阻值呈現 8、16 及 24 ohm 對 V(n2) 之響應)

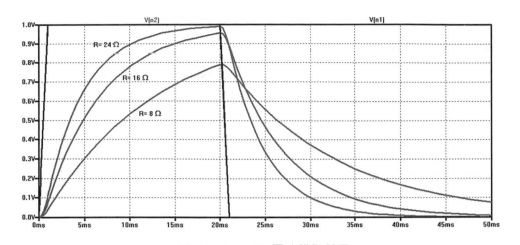

» 圖 2-55(c)　RL 電路模擬結果

(Permission by Analog Devices, Inc., copyright © 2018-2021)

2-4-7　理想放大器電路

在第五章中將探討頻率響應分析、放大器的特性與應用。在此節中,先引用受控電源之使用來說明理想放大器在 SPICE 中之敘述。受控電源共有四種,如圖 2-56(a) ～ (d) 所示,在 SPICE 中以下之格式來描述,其中 E 代表電壓控制電壓源,G 為電壓控制電流源,F 為電流控制電流源及 H 為電流控制電壓源。

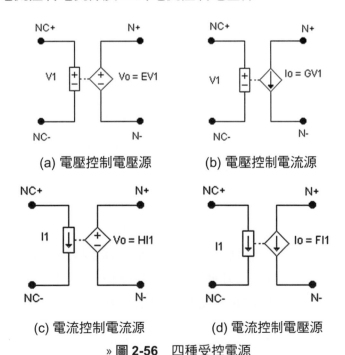

(a) 電壓控制電壓源　　　(b) 電壓控制電流源

(c) 電流控制電流源　　　(d) 電流控制電壓源

» 圖 2-56　四種受控電源

在此節,感興趣的是用電壓控制電壓源來描述理想放大器;因此,對於上述四種受控電源,以電壓控制電壓源 (E:VCVS) 來說明,其基本格式如下:

E　N+　　N-　　NC+　　　　NC-　　　　　　　　GAIN_VALUE

其中 N+ 及 N- 為被控制之節點對,NC+ 及 NC- 為主控制 (controlling) 之節點對,而 GAIN_VALUE 為電壓增益。而其他三種受控電源,原則上與 E 相似,但是 H 及 F 需要利用零電壓元之電流來替代 NC+ 及 NC- 兩點,讀者必須注意其用法之不同。

實例 2-15

用 SPICE 分析圖 2-57 電路的特性。

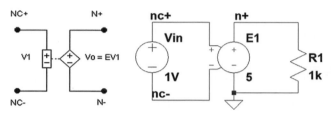

» **圖 2-57**　電壓控制電壓源應用電路

```
* C:\Users\user\Documents\LTspice_Book\Book202002\Draft9.asc
E1 n+ 0 nc+ nc- 5
R1 n+ 0 1k
Vin nc+ nc- 1V
.backanno
.end
```

其次,將用電壓控制電壓源來描述理想放大器;因此,對於上述四種受控電源,以電壓控制電壓源 (E:VCVS) 來說明,其基本格式如下:

```
E  N+   N-   NC+      NC-         GAIN_VALUE
```

其中 N+ 及 N- 為被控制之節點對,NC+ 及 NC- 為主控制 (controlling) 之節點對,而 GAIN_VALUE 為電壓增益。而其他三種受控電源,原則上與 E 相似,但是 H 及 F 需要利用零電壓元之電流來替代 NC+ 及 NC- 兩點,讀者必須注意其用法之不同。

實例 2-16

用 LTspice 分析圖 2-58 簡化之放大器電路的暫態響應；利用電壓控制電壓源 (E：VCVS) 模擬一簡化之放大器，其增益為 5。另外，利用一峰值為 1volt，60Hz 的弦態輸入以觀察節點 3 之輸出波形。

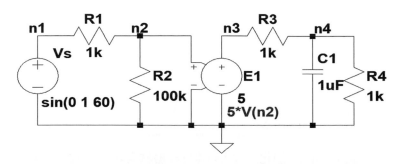

» **圖 2-58(a)**　簡化之放大器電路
(Permission by Analog Devices, Inc., copyright © 2018-2021)

輸入檔案內容：

```
* C:\Users\user\Documents\LTspice_Book\Book202002\ex2_16.asc
E1 n3 0 n2 0 5
R4 n4 0 1k
Vs n1 0 sin(0 1 60)
R1 n1 n2 1k
R2 n2 0 100k
R3 n3 n4 1k
C1 n4 0 1uF
* 5*V(n2)
.backanno
.end
```

輸出圖形結果：(V(n3) 對 V(n2) 之響應)

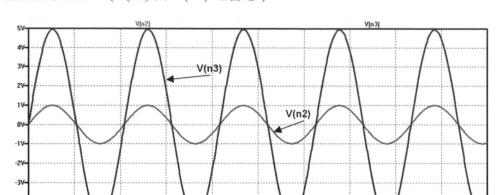

» 圖 2-58(b)　簡化之放大器電路模擬結果 (5 倍的放大率)
(Permission by Analog Devices, Inc., copyright © 2018-2021)

2-5　次電路之應用與不收斂問題

2-5-1　次電路之應用

在上節中，探討幾個重要的代表性電路，並用 SPICE 的執行說明分析的過程。而此節中將介紹次電路 (subcircuit) 之應用，如果在一複雜且較大的電路中，如有某一電路區域，重複地出現或被使用，即可利用 SUBCKT 來定義此部分電路，而此次電路可視為一個電路元件用於電路中。次電路之基本格式如下：

.SUBCKT　<DEFINITION　NME>　<NODE 1>　<NODE 2>…

次電路區塊電路描述

.ENDS　<DEFINITION NAME>

在此格式中，節點 NODE1、NODE2 等是用來連接外在電路之端點而次電路之定義可置於標題與結束敘述中的任一列中。

如果要在 SPICE 檔案中，呼叫次電路時，其格式如下：

　　XNAME　<NODE1>　<NODE 2>…<SUBCKT DEFINITION NAME>

在呼叫次電路時，外在電路所指定節點之先後順序須與定義次電路時節點之排列順序相同；次電路之應用在基本電路分析上較少用，但是在電子電路或數位電路的分析上，卻常用到。於此節中利用次電路來定義理想之放大器以作二階濾波器電路之分析說明。

實例 2-17

利用次電路來描述圖 2-59(a) 簡化理想之放大器在濾波器電路的交流響應。此巨模電路 (macro circuit) 或次電路 (sub-circuit) 是由被動元件及受控電源所組成之放大器等效電路。其主要之極點由次電路中之 R1 與 C1 之乘積決定。低頻增益決定在 R2 與 R1 之比值，低通濾波器特性是由 R2、C4、R1 及 C2 決定。

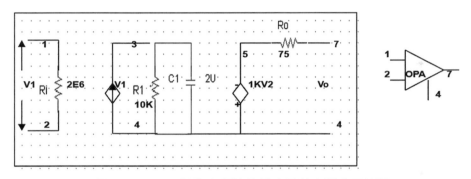

» 圖 2-59(a)　理想放大器等效電路及其次電路元件圖

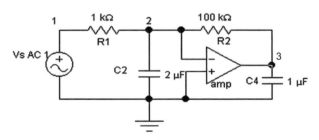

» 圖 2-59(b)　理想放大器濾波器電路

LTspice 文字網表 (輸入檔案) 內容：

```
* C:\Users\user\Documents\LTspice_Book\Book202002\opfilter.cir
*Subcircuit and 2nd order filter circuit*
*.options
*i/o node:           V-     V+     Vo     Vognd
.subckt opa          1      2      7      4
ri1     2      2.0e6
*VCCS with a gain of 1
gb      4      3      1      2      1
r1      3      4      10k
c1      3      4      2u
*VCVs with a gain of 1k
ea      4      5      3      4      1k
ro      5      7      75
*end of subcircuit opamp
.ends
*main circuit
vs      1      0      ac     1
r1      1      2      1k
c2      2      0      2u
xa1     2      0      3      0      opa
c4      3      0      1u
r2      2      3      100k
.ac     dec    20     10     100k
.end
```

輸出圖形結果，如圖 2-59(c) 所示：(VdB(3) 對頻率之響應)

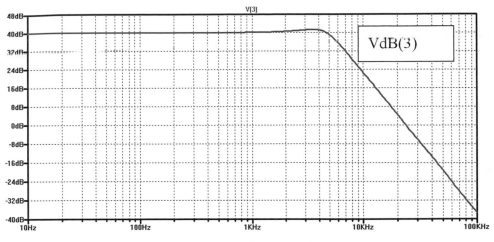

» **圖 2-59(c)**　理想放大器濾波器電路模擬結果

2-5-2　收斂性之問題與解決途徑

SPICE 是利用迭代演算法 (iterative process) 來得到直流與暫態解。SPICE 首先以預設值來計算，在迭代過程中，當分支電流收斂到 1PA，節點電壓收斂到 1uV 時即終止。但是迭代演算的結果，可能發散 (divergence) 無法得解。通常收斂問題常出現在直流掃描、偏壓點計算和暫態分枝上，而主要的原因如下列各項：

1. 極差之初值條件設定

通常直流掃描無法收斂的現象發生在有兩個穩態點的電路中，如正反器或史密斯觸發器具磁滯現象的電路中。在此情形中，可利用 .IC 或 .NODESET 之設定，以便節點指定到一所需之電壓或猜測值以幫助收斂。

2. 不適當之模型參數

在主動元件中，如 MOSFET，可能因為使用非物理性 (nonphysical) 之模型參數而產生不連續之 IDS 電流或電容，則亦會產生發散之情況。此時，則由漸進與持續發展之模型參數 (如 BSIM) 或 SPICE 軟體 (如 LTspice) 來改善。

3. 不適當之 OPTION 或分析模

.OPTION 參數 (如表 2-7) 對於直流或暫態分析之收斂性可能有如下之影響，包括：

表 2-7　收斂性參數設定

參數	預設值	建議之加速收斂設定值	建議之強迫收斂設定值
RELTOL	0.001	0.01	0.1
ABSTOL	1PA	1NA	1MA
VNTOL	1UV	1MV	10MV

　　上述之設定主要是由放寬預設值，來改善收斂性：雖然相對準確度降低，但是卻減少運算所需時間，加速收斂性。上述方法在做數位電路之輸出判定上，仍是適用的。

　　在進行下一章內容探討之前，將重要之選擇項 (.option) 設定及使用說明歸納於表2-8 所示，以提供讀者參考：

表 2-8　LTspice 之核心 .options 參數列表 / 基本格式 (與英文字母大小寫無關)

.OPTIONS (OPTION_NAME) 或 (OPTION_NAME = VALUE)

Keyword	Data Type	Default Value	Description
abstol	Num.	1pA	Absolute current error tolerance
baudrate	Num.	(none)	Used for eye diagrams. Tells the waveform viewer how to wrap the abscissa time to overlay the bit transitions.
chgtol	Num.	10fC	Absolute charge tolerance
cshunt	Num.	0.	Optional capacitance added from every node to ground
cshuntintern	Num.	cshunt	Optional capacitance added from every device internal node to ground.
defad	Num.	0.	Default MOS drain diffusion area
defas	Num.	0.	Default MOS source diffusion area
defl	Num.	100µm	Default MOS channel length
defw	Num.	100µm	Default MOS channel width
delay	Num.	0.	Used for eye diagrams. Shifts the bit transitions in the diagram.
fastaccess	flag	false	Convert to fastaccess file format at end of simulation.
flagloads	flag	false	Flags external current sources as loads.
Gmin	Num.	1e-12	Conductance added to every PN junction to aid convergence.
gminsteps	Num.	25	Set to zero to prevent gmin stepping for the initial DC solution.
gshunt	Num.	0.	Optional conductance added from every node to ground.
chgtol	Num.	10fC	Absolute charge tolerance

表 2-8　LTspice 之核心 .options 參數列表 / 基本格式 (與英文字母大小寫無關)
.OPTIONS (OPTION_NAME) 或 (OPTION_NAME = VALUE)(續)

Keyword	Data Type	Default Value	Description
cshunt	Num.	0.	Optional capacitance added from every node to ground
cshuntintern	Num.	cshunt	Optional capacitance added from every device internal node to ground.
defad	Num.	0.	Default MOS drain diffusion area
defas	Num.	0.	Default MOS source diffusion area
defl	Num.	100μm	Default MOS channel length
defw	Num.	100μm	Default MOS channel width
delay	Num.	0.	Used for eye diagrams. Shifts the bit transitions in the diagram.
fastaccess	flag	false	Convert to fastaccess file format at end of simulation.
flagloads	flag	false	Flags external current sources as loads.
Gmin	Num.	1e-12	Conductance added to every PN junction to aid convergence.
gminsteps	Num.	25	Set to zero to prevent gmin stepping for the initial DC solution.
gshunt	Num.	0.	Optional conductance added from every node to ground.
itl1	Num.	100	DC iteration count limit.
itl2	Num.	50	DC transfer curve iteration count limit.
itl4	Num.	10	Transient analysis time point iteration count limit
itl6	Num.	25	Set to zero to prevent source stepping for the initial DC solution.
srcsteps	Num.	25	Alternative name for itl6.
maxclocks	Num.	Infin./TD>	maximum number of clock cycles to save
maxstep	Num.	Infin.	Maximum step size for transient analysis
meascplxfmt	string	bode	Complex number format of .meas statement results. One of "polar", "cartesian", or "bode".

表 2-8　LTspice 之核心 .options 參數列表 / 基本格式 (與英文字母大小寫無關)
.OPTIONS (OPTION_NAME) 或 (OPTION_NAME = VALUE)(續)

Keyword	Data Type	Default Value	Description
measdgt	Num.	6	Number of significant figures used for .measure statement output.
method	string	trap	Numerical integration method, either trapezoidal or Gear
minclocks	Num.	10	minimum number of clock cycles to save
MinDeltaGmin	Num.	1e-4	Sets a limit for termination of adaptive gmin stepping.
nomarch	flag	false	Do not plot marching waveforms
noopiter	flag	false	Go directly to gmin stepping.
numdgt	Num.	6	Historically "numdgt" was used to set the number of significant figures used for output data. In LTspice, if "numdgt" is set to be > 6, double precision is used for dependent variable data.

2-6　結論與延伸閱讀資料

　　本章簡單介紹 LTspice 使用的快速指引，包括視窗輸入功能以及文字網表 / 程式碼語法描述，並複習重疊定理，使用多個模擬實例來說明，另外，也介紹受控電源的使用、子電路的概念、理想放大器的模型建置，以及 .options 的關鍵字列表及不收斂問題的解決等，以方便使用者以最短的時間進行有效地學習。本章主要的延伸閱讀資料列於如後：

[1]　Gabino Alonso, LTspice: Keyboard Shortcuts, https://www.analog.com/en/technical-articles/ltspice-keyboard-shortcuts.html。

[2]　HSPICE user's s Manual，Vo1.1，Meta-Software，Inc., 1992。

[3]　余永康、鍾文耀，電路學入門與進階 (下)，第 19 章，全華圖書公司出版，1995。

MOS 元件及反相器之直流分析

學習大綱

本章對於 LTspice 在 MOS 元件與反相器的直流分析，做整體性的探討。積體電路設計上，需考慮層次化的設計，此時各廠商提供的元件模型與電路元庫，則特別重要，尤其是初學者，對於 NMOS/PMOS 基礎特性分析與反相器直流參數的自動求取概念，需要下功夫學習。本章將會深入解析 .meas 控制敘述的應用及帶出子電路層次化結構的概念。

3-1　簡介

在數位積體電路及系統的設計成功與否，不只決定在線路層次上規格的達成，也包含所用元件模型的準確性、SPICE 模擬軟體的可靠性、製程技術的配合，以及合成過程所需使用的標準電路細胞庫 (standard cell library) 完整與否等，故積體電路是屬於多層面整合的產品。對於 SPICE 之學習，以筆者之經驗，可分成基礎分析與進階分析兩階段，如圖 3-1 所示，在基礎分析，可以穩態 (直流分析) 為主軸，在確立電子電路之適當操作點後，可以根據電路特性之需求進行暫態 (時間分析) 及頻率 (交流分析) 等。

而進階分析則包含雜訊與失真分析 (noise/distortion analysis)、蒙地卡羅與最壞情況分析 (Monte Carlo and Worst Case analysis)，以及電路設計之最佳化 (optimization)。直流分析最直接的應用是進行 CMOS 元件汲極與閘極掃描特性曲線的取得、基礎核心電路，如反相器的直流參數求取；而暫態分析則非常適用於數位標準電路元之時間特性分析，如響應波形之上升、下降與傳遞延遲時間等。至於零點 / 極點與交流分析則常用於放大器與濾波器之特性評估。在本章中，首先要探討的即是 N/PMOS 元件的輸入與輸出的工作特性。

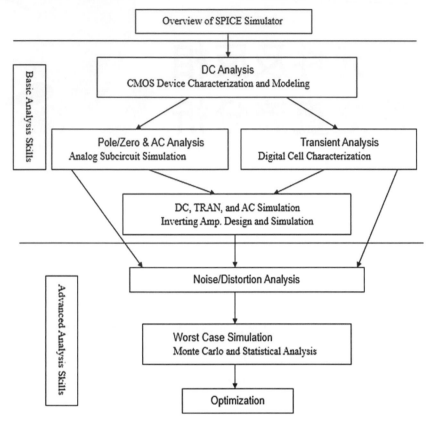

» 圖 3-1　SPICE 基礎與進階分析學習流程

3-2　MOS 元件特性分析

3-2-1　NMOS 元件特性

本單元雖然主要的是作 NMOS 元件的練習，使用者也該嘗試作 PMOS 元件在同樣狀況的練習。在這一章，有以下三個重點的探討：

(1) 先藉由 MOS 元件的實際結構來探討它的工作原理。

(2) 再藉由 SPICE 的軟體，進行 MOS 元件它的特性分析。也即是利用基礎的直流分析來探討 MOS 元件的輸入 (Id-Vgs) 以及輸出 (Id-Vds) 的特性，有這樣的概念建立之後，會針對 MOS 元件，包括 N 型以及 P 型的 MOS 做整理以及它們之間特性差異的討論。

(3) 就是將 N/PMOS 開始組成有意義的基礎數位電路細胞元 (circuit cell)，並進行此電路的靜態與動態特性探討。

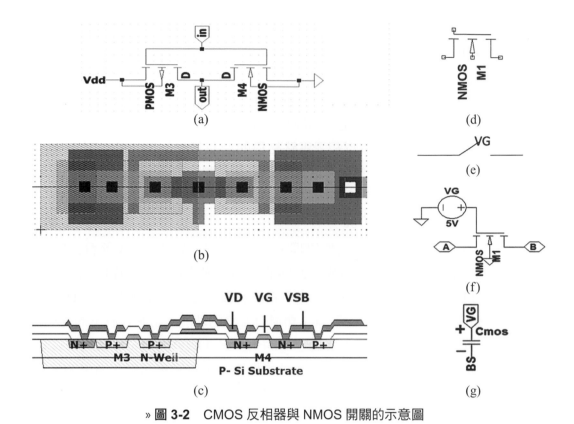

» **圖 3-2**　CMOS 反相器與 NMOS 開關的示意圖

　　首先，在圖 3-2 所示的是 CMOS 反相器與 NMOS 開關的示意圖，其包含有好幾個面向的呈現：在圖 3-2(a) 至 (c) 看到了一個 CMOS 的反相器、對應的佈局圖以及它的剖面圖。在圖 3-2(d) 至 (g) 是 NMOS 元件的電路符號、等效開關、電路與電容器的概念。先討論 (d) 的元件符號。這是一個 NMOS 電路符號圖，在數位積體電路的設計，每一個電晶體都可以當成是一個開關，所以在圖 3-2(e)，可看到有一個開關的等效符號，它的控制的電壓就是 VG，藉由這個 VG 控制電壓的 0 或是 VDD 電壓的大小，就可以讓這一個電晶體成為導通或是斷路的開關 (switch)。

　　一個 MOS 電晶體具有四個端點；這四個端點在閘極的部分，就是 VG，於此端點提供邏輯 0 或 1 的訊號，就可以讓這一顆電晶體當成是一個導通或是關掉的開關。在圖 3-2(f) 的 NMOS 開關，A 跟 B 是代表訊號的饋入以及訊號的取出。在圖 3-2(g) 的部分，就是一個 MOS 的電晶體可以看成是一個電容的等效結構，藉由 VG 的正電位 可以把它當成是電容的上電極板，透過中間的閘極氧化層，它可以在 P- 型的半導體基體，感應出一下電極板。此 P- 型的半導體基體，經由反轉層的形成，就可以有負電荷的通道形成，或是電子的感應層，類似為一電容的下電極板層。在實際的 MOS 元件的結構，就類似在通道導通或形成的時候，等同是產生一下電極板的電容結構。如果是 N 型的 MOS 電晶體，它在通道的載子就靠電子。所以再進一步看圖 3-2 左邊的這 CMOS 反相器的電路圖以及實際的 N/PMOS 元件佈局圖。在左上角 (a) 圖,這邊它用到一個 N 型的 MOS 及一個 P 型的 MOS 元件,這兩個電晶體是一個互補的元件。對應到在圖 3-2(b) 中間的俯視圖 (top view),其是一個實際的反相器光罩的佈局圖。透過不同的顏色或光罩層,可以代表這個元件實際的區域以及它的連結。舉個例子 這邊所用的藍色是屬於連接導線的金屬層;紅色的部分是將兩個電晶體的閘極接在一起,再給一個饋入的輸入訊號。而圖 3-2(c),這是一個反相器電路結構的剖面圖 (cross-sectional view)。藉由這個剖面圖它所提供的端點電壓,可以讓這二顆電晶體可以處於它適當的工作區域。這邊是先對於一個 MOS 元件可以當成開關,以及藉由 N/P 型反相器,可以看到它可以用於實現數位積體電路的基礎方塊。

接著,將探討 MOS 元件的工作原理。首先,可以從圖 3-3(a) 所看到的是一個 NMOS 的元件,它總共是有 4 個端點。此四個端點,依據它的偏壓條件就可形成電晶體的功能。所以,可以先看左邊圖 3-3(a) 的電路符號,在上端這邊有一個 D 的意思就是 Drain,也是汲極的意思;" 汲 " 就是類似有收集的功能。對應在底下的這個端點,把它稱作 Sourse,是源極,也就是透過它給的偏壓是比較低的電位,就可以從源極端點,源源不斷地提供電子流,藉由閘極提供的偏壓,讓這顆電晶體有通道的形成,再透過具有比較高電位的汲極的吸引,就可以讓源極所提供的電子流,經由通道與載子的關係,在汲極端進行收集,如汲極與源極的外在迴路構成一封閉迴路,就可以完成電晶體的功能,如放大訊號或複製電流的目的。

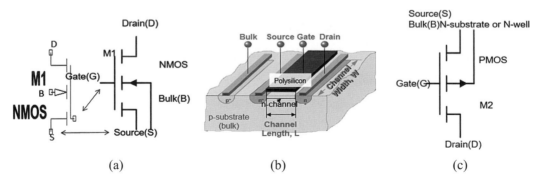

(a)   (b)   (c)

2. Key geometrical parameters
t_{OX} - the gate oxide thickness (set in the fabrication).
L - the channel length. (determined by layout)
W - the channel width. (determined by layout)

» 圖 3-3　NMOS/PMOS 元件符號與立體結構的示意圖

接著,說明在 LTspice 的軟體使用,它內建的 MOS 符號如何分辨汲極跟源極。在圖 3-2(d) 及 3-3(a) 可以看到這個 NMOS 元件的符號,在閘極端有一個轉折,轉折比較靠近的這個端點,就是源極。另外,如圖 3-3(b),再透過一個類似三維的立體結構,說明 MOS 元件的結構，看到這個連接 Gate 黑色的部分，它就是提供在訊號處理的電子或電流所走的總區域，此區域是一個通道的整體面積，其是透過通道的長度 L 以及通道的寬度 W，所以是 L 乘上 W 的面積，其為載子、電子流或電洞流所走的總面積。

在圖 3-3(a) 與 (c) 是傳統的 MOS 元件符號。相對於左側的 NMOS 跟右側的 PMOS，它們之間的對應關係類似是四個端點的元件。除了剛所介紹的是有閘極、源極及汲極，另外一個很重要的就是基體 (body) 或基底。因為這是一個電晶體的元件，做在積體電路矽的晶圓中，所以這晶圓所提供的角色，就是電晶體的基底，或是一個基板。所以這基板跟基底，可把它稱作叫 Bulk 或 Body，這樣就構成一個 MOS 電晶體的四個端點。

在前面的章節提及所有電路的分析，它必須要有一個接地的參考點以進行電路的分析。另外，對於 MOS 元件，有興趣的部分是流過通道的電流。如果將 MOS 元件的源極當作是一個參考的端點，則擬探討的電流就可以把它寫成在如下式 (3-1) 的關係式

$$Id = f(Vgs, Vds, Vbs) \tag{3-1}$$

也就是：有興趣的是汲極電流，它可以是在三個端點對 (GS，DS，BS) 的偏壓下所形成的一個函數。這三個端點對就是 Vgs、Vds 跟 Vbs。從圖 3-3(b) 這個立體的結構，可以更容易地去體會它的偏壓跟工作的原理。如圖 3-4 所示，把這個 Vgs 看成是它從正面所給的垂直電場，即 Vertical Field(垂直電場) 的偏壓，也是一個前向 (Front Gate) 的閘極控制。其次，Vds 在這個立體結構，它是從水平方向由汲極到源極的一個電場，把它稱作是一個水平場的偏壓。最後是在基板跟源極之間 Vbs 的偏壓，它達到的效應有點類似是從一個 MOS 元件的背部提供這個電場跟電壓的控制；所以 Vbs 把它稱作是一個背閘的控制或是背閘的電場的效應。要分析一個 MOS 電晶體，可以藉由這三個端點對，一步一步的探討，進行這一顆電晶體的工作原理的分析。

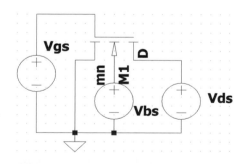

» **圖 3-4**　NMOS 三個偏壓對連接組態
(Permission by Analog Devices, Inc., copyright © 2018-2021)

一般電子元件的開發，通常是完成實際的元件製作後，再透過外在所給的偏壓以及電流的響應呈現，來推導出這個電子元件的電流方程式或是物理特性的說明。所以，對於 MOS 元件的了解，如圖 3-3(b) 的立體結構，其有幾個物理結構的相關參數，稱作關鍵參數。首先，第一個關鍵參數 tox(閘極氧化層)，由於它的存在，MOS 元件可以當成是一個電容的結構來探討。tox 就是在閘極跟通道之間一個非常薄的二氧化矽層，它的厚度把它稱作 tox。另外，通道的面積，也是決定電流的因子，就是通道的長度 L 跟通道的寬度 W。L 跟 W 是積體電路的設計工程師可以使用的兩個自由度。但是，一般在數位積體電路的設計，為達到最快速度及最小面積的目的，在通道長度 (Channel Length) 的選擇是搭配製程的技術，將採用最小的複晶矽的閘極線寬當成是 MOS 元件所使用的最小長度 L。

<MOS 的輸入特性曲線 >

首先，如圖 3-5 所示，要進行的是 MOS 元件的直流掃描分析，因為 MOS 元件，可以經由不同的 IC 製造廠提供，因為製程與機台設備的差異，每一 MOS 元件會有不同的元件模型對應。

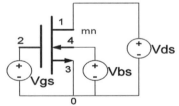

```
.model mn nmos (level=1 vto=0.8 kp=80u
+ lambda=0  gamma=0.5   phi=0.6)
```

W/L = 10u/2u

```
Mxx  D  G  S  B  MN  W=10u
+ L=2u
```

Schematic for NMOS testing Configuration

```
* Nested sweep commands
.DC  Vs1  vstart1 vstop1 incr1   Vs2  vstart2  vstop2  incr2

* Vs1 => x-axis variable
```

» **圖 3-5** NMOS 特性分析組態及典型之 SPICE 模型參數
(Permission by Analog Devices, Inc., copyright © 2018-2021)

在圖 3-5 最上邊有一 SPICE 元件模型的敘述，.model mn nmos，就是每一個積體電路的模擬，它需要提供對應的 MOS 元件的模型參數。MN(或小寫的 mn)，這是一個 model 的名稱，NMOS 是屬於 SPICE 軟體所指定的元件模型的屬性，即此 mn 會呼叫 SPICE 中 N 型的 MOS 元件之電流方程式。而 level=1 是使用第一代的 SPICE MOS 元件電流模型。在教科書一般做理論分析的討論時，當 MOS 元件所使用的元件尺寸，如之前提到的通道長度，可能是 5μ、10μ；所以，這是一個比較大尺寸的元件。因此，如要描述它的電流特性，就可以用第一代的 SPICE MOS 元件電流模型。此範例所用到的關鍵的方程式的參數，包括提供這 MOS 元件導通的臨界電壓，稱之 VTO(Threshold Voltage)，還有轉導的增益因子 KP，Lambda、Gamma 跟 Phi 等這三項。其中的 Lambda、Gamma，把它稱作是 MOS 元件二階效應的關鍵參數。

再來就一步一步的來剖析 MOS 元件的工作，以圖 3-5 所示的電路圖，它總共提供了三個的偏置電壓，也是利用三個獨立的電壓源 Vgs、Vds、Vbs。它的目的，就是剛剛所提到的要提供垂直的電場 Vgs、水平的電場 Vds、以及背閘電場的提供 Vbs。基於這樣的工作狀態，就可以透過源極當參考點，利用三個端點對來探討它的特性。

接著，看到的是必須要指定這個 MOS 元件，它通道的寬度及長度，或是指定的 W/L，把它稱作寬長比 (Aspect Ratio)，就是一個幾何的比例。在這邊指定的 10μ、2μ，就是代表剛剛所提到的載子在通道所使用的通道長度是 2μ，通道寬度是 10μ。

因為 MOS 元件是一個四個端點的元件，所以在 SPICE 的語法，它在敘述這樣子一個元件，在第一個字元使用的是 M。M 的意思，就是代表 MOS Device。再往下，因為它具有四個端點，所以在 SPICE 描述，又有它的預設定的先後次序。就是這邊所提的 D、G、S、B；也就是先描述汲極、閘極、源極以及基底。然後有這四個端點的對應位置，或是節點的名稱。就像這邊所看到左邊的這一個測試電路，它有四個端點：1、2、4、3。

所以在這裡面，對應到 D、G、S、B 就是 1、2、3 跟 4，但是因為這邊的 3 是接到地的參考點，所以一般這個 3 直接可以寫成 0。

再往下，在此描述式，有 mn，此為這一個元件的模型的名稱，其對應到上面的 .model mn。接著，就是要描述這一顆電晶體通道的寬度、長度，可以看到它的長度是寫在下面這一列，如果是一個 SPICE 的有效敘述，再接著第二列第三列的描述，通常它在第一個字元用一個 + 進行往下做敘述完整的一個描述。

再往下的步驟是要指定直流掃描分析。這邊有提到一個叫做巢狀式的掃描敘述 (Nested Sweep Commands)。它的整個格式是先有 .DC，這是一個直流掃描的控制敘述。此敘述跟著的是有兩組的電源，Vs1、Vs2，以及有興趣的整個掃描範圍，呈現在 Vstart1、Vstop1、Vstart2、Vstop2 還有它的增量 (incr1 及 incr2) 的描述。所以在一個完整的 MOS 元件，它的分析，真正會做觀察的工作狀況，一次可能會有兩個端點對的訊號的變化。這邊有提到的 Vs1，也就是再往下探討的特性曲線，其為呈現在橫軸的變數。在 .DC 巢狀式的敘述，它是要放在第一個電源的位置。所以這邊的 Vs1，它是 X 軸的變數。

在這邊，就利用第一個特性曲線的 SPICE 模擬分析來對 MOS 元件做解說。之前，有提到一個 MOS 元件，在電路的分析，可以把它當成是一個開關，所以從圖 3-5 左邊的這個電路圖，可以看到的是在這裡面的節點 2 與 0，就當成訊號的饋入，而節點 1 與 0，就是訊號的響應，Vds。這一個 MOS 元件，如果它導通的時候，在這個開關的訊號傳遞可能會有一個小的電壓降，也就是模擬實際的 MOS 元件，當成開關功能的時候，它在 Vds 之間，可能會有一些的電壓降，一般在 IC 的製造廠進行 MOS 元件測試時，這個電壓降早期是用 0.1V，或是用 0.05V 當成是兩個端點的跨壓。其次，對於節點 4-0，Vbs 的偏壓設定為 0V，即先不考慮基體效應 (body effect) 或背閘電場的作用。因此，MOS 元件的工作狀態 (Vgs 可變動，Vds=0.1 或 0.05V，Vbs=0V)，就只剩下 Vgs 垂直電場的作用！這個偏壓在實際電路的使用就是一個輸入的變化電壓，只要調整 Vgs，讓它從小的電壓往高的電壓掃描，就可以得到圖 3-7 的特性曲線圖。

<Tip> 在建置 MOS 電路圖，如要呈現出元件的尺寸 (L=? W=?)，可以進入 LTspice 的 lib\sym 目錄中呼叫 NMOS4.sym，並另存為使用者的目錄與名稱，如圖 3-6(a)~(d) 的步驟：D：\Danny\LTspice_Book\Book202002\mos4danny.asy 選取 Edit → Attributes → Attribute Window → Value2，就可以於呼叫元件時，尺寸可以呈現在電晶體元件上，如圖 3-6(c) 中所示的 l=2μ w=10μ。

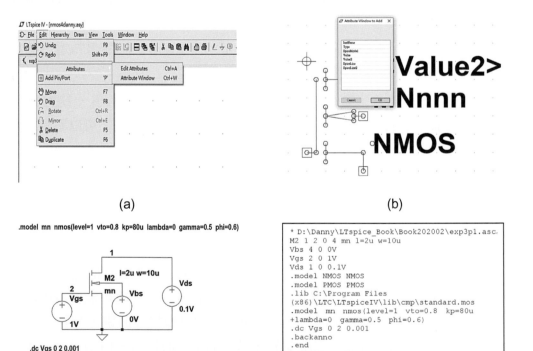

(a)

(b)

(c)

(d)

» 圖 3-6　電路圖建置之示範過程

(Permission by Analog Devices, Inc., copyright © 2018-2021)

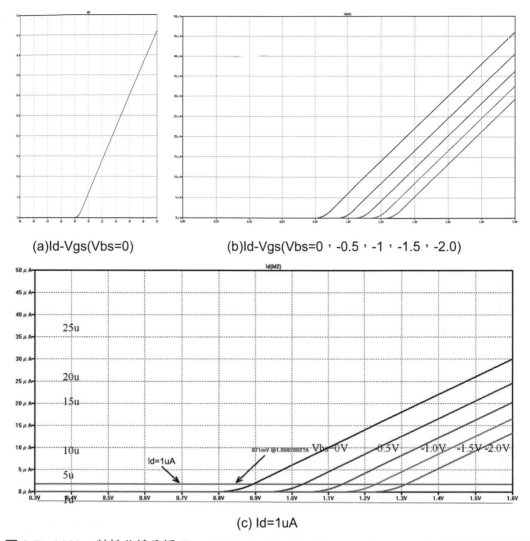

(a)Id-Vgs(Vbs=0)　　　　(b)Id-Vgs(Vbs=0，-0.5，-1，-1.5，-2.0)

(c) Id=1uA

» **圖 3-7**　Id-Vgs 特性曲線分析 (Permission by Analog Devices, Inc., copyright © 2018-2021)

　　由於此電路將基底跟源極接在一起，Vbs=0，整個電路分析，真正的變數只剩下從閘極跟源極的偏壓 Vgs，此偏壓在實際電路的使用就是一個輸入的變化電壓，就可以得到圖 3-7(a) ～ (c) 的特性曲線圖。如圖 3-7(a) 所示，看到在 X 軸 (橫軸) 是 Vgs 的變化電壓 (0V 到 2V)，縱軸就是流過 MOS 元件通道的電流，在圖 3-7(a) 及 (b) 的第一條藍色特性曲線，就是沒有基體效應的工作狀況。隨著 Vgs 的增加，可以觀察在 Vgs=871mV 時，Id(m2) = 1.0082μA。早期，在晶圓的製程廠，在 IC 製造完後，往下送至測試部門之前，對於 MOS 元件導通的臨界電壓，常以 Id-Vgs 特性曲線，觀察 Id 電流為 1μA 時，對應的 Vgs，就近似為此元件的導通電壓。以下所示為 LTspice 模擬 .meas dc Vth_GS　V(2)　when Id(m2)=1μ 的結果，當它在縱軸的 1μA 跟這個 Id-Vgs 特性曲線的交點，就可以把它當成是一個近似的 MOS 元件的導通電壓。其變化如表

3-1 所示。而且由模擬之結果，可以知道當觀察的電流越小時，其近似導通電壓越接近 .model 中，vto=0.8V 的值。因此，這方法的確可以用來粗估 MOS 元件的臨界電壓。

表 3-1 Id-Vgs 特性曲線 (Vds=0.1V)(.dc Vgs 0 2 0.001 Vbs 0 -2 -0.5)

	模擬設定條件	模擬之近似導通電壓 vth_gs @ id(m2)=1µ	模擬之近似導通電壓 vth_gs @ id(m2)=0.01µ
1	step vbs=0V	0.870709V	0.807067V
2	step vbs= –0.5V	1.00782V	0.944167V
3	step vbs= –1V	1.11587V	1.05222V
4	step vbs= –1.5V	1.20798V	1.14433V
5	step vbs= –2V	1.28964V	1.226V

在圖 3-7(d) 總共是有 5 條的特性曲線，有標示 Vbs 是等於 0V，此為 B 與 S 兩個端點是短路，接著又看到 Vbs= –0.5，–1，–1.5，–2.0V，把它稱作巢狀式的掃描。當 b 跟 s 之間有所謂的背閘的電場或偏置電壓的提供，可以發現這一顆 MOS 電晶體，它要能夠導通的 Vgs 的電壓就必須增大，也就是有背閘的電場存在時，要讓這一個 MOS 元件產生這一個通道的形成，它必須要提供更正的閘極電壓，才能夠讓它形成有電流通路的通道。背閘電壓對於臨界電壓的影響，一般在積體電路的理論，把它稱作叫基體效應 (Body Effect)，Body Effect 通常在電路的設計，會帶來臨界電壓的變動。其計算關係式，如公式 (3-2) 所示：

$$V_t = V_{t0} + \gamma \left[\sqrt{2\phi_f + V_{SB}} - \sqrt{2\phi_f} \right] \qquad\qquad (3\text{-}2) \quad [1]$$

其中，V_{t0} 是 Vbs=0 沒有基體效應下的原始臨界電壓

γ = GAMMA 是基體效應的因子

ϕ_f = PHI 是造成強反轉通道形成所需的表面電位

V_{SB} = S 端與 B 端之間的電位差

<MOS 的輸出特性曲線 >

在了解 MOS 元件的輸入特性曲線後，接著要討論的是考量其輸出端，從汲極端的響應，由 Vds 與 Id 構成的輸出特性曲線。

```
* D:\Danny\LTspice_Book\Book202002\exp3p2.asc
M2 1 2 0 4 mn l=2u w=10u
Vbs 4 0 0V
Vgs 2 0 1V
Vds 1 0 2.5V
.model mn nmos(level=1 vto=0.8 kp=80u
+lambda=0 gamma=0.5 phi=0.6)
.dc Vds 0 5 0.001 Vgs 0 5 1
.backanno
.end
```

.model mn nmos(level=1 vto=0.8 kp=80u lambda=0 gamma=0.5 phi=0.6)
.dc Vds 0 5 0.001 Vgs 0 5 1

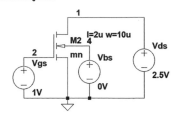

(a)Schematic circuit　　　　　　　　(b)SPICE Netlist

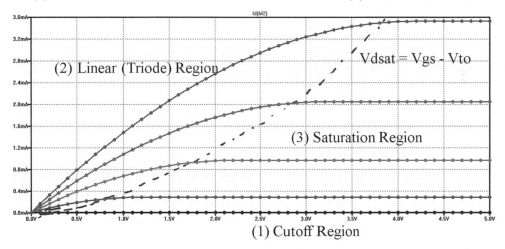

(2) Linear (Triode) Region

$Vdsat = Vgs - Vto$

(3) Saturation Region

(1) Cutoff Region

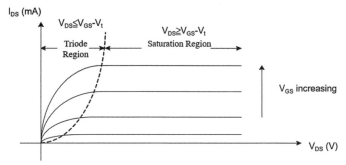

(c) Id-Vds(Vgs varying)

» 圖 3-8　Id-Vds 特性曲線分析 (Permission by Analog Devices, Inc., copyright © 2018-2021)

　　從圖 3-8(c) 所示的 NMOS 元件 Id-Vds(Vgs 為第二電源) 模擬結果與示意圖，可以依據工作篇壓的條件，說明其對應的電流特性。詳細說明如下：

(1) Cutoff Region(截止區)：當 V_{GS} < Vto，此時，由於閘極與源極的電壓差小於導通的臨界電壓 (Vto) 與也沒有通道形成的，因此，此元件是處於截止區，未形成 Id 電流的流通，即 Id=0。

(2) Linear(Triode) Region(線性區或三極管區)： 此時，閘極與源極的電壓差大於導通的臨界電壓 (Vto)，通道形成。其主要載子 (電子) 由較負電位的源極提供，而汲極有較正的電位，吸引電子經由通道到達汲極端，此區域工作的判斷條件，如下式 (3-3) 的說明，其對應的汲極電流方程式描述如式 (3-4)，由於此電流會隨著 Vds 的增加而增加，所以此區的工作，可以稱為線性區 (linear region)、非飽和區 (non-saturation region)、三極區 (triode region) 或歐姆區 (ohmic region)，主要是由 (3-4) 的公式可以看出，當 VDS 很小時，平方項可以省略不計，就可以看出 Id 電流隨著 Vds 的增加而線性地增加，因此，有電阻的特性。

$$V_{GS} > V_{TO} \quad V_{DS} \leqq V_{GS} - V_{TO} \tag{3-3}$$

$$I_{DS} = K_P \left(\frac{W}{L} \right) \left((V_{GS} - V_{TN}) \, V_{DS} - \frac{1}{2} V_{DS}^{\;2} \right) \tag{3-4}$$

其中　Kp=μCox= 轉導增益因子，μ 為載子的移動率，Cox 為通道區域的閘極電容密度。Kp 會影響 MOS 元件的增益。

(3) Saturation Region(飽和區)：此時，閘極與源極的電壓差大於導通的臨界電壓 (Vto)，通道形成。其主要載子 (電子) 由較負電位的源極提供，而汲極有較正的電位，吸引電子經由通道到達汲極端，此區域工作的判斷條件，如下式 (3-5) 的說明，此時水平場的電壓 Vds 已經大於垂直場偏壓扣掉導通的臨界電壓 Vto，其對應的汲極電流方程式描述如式 (3-6)，由於此電流不會隨著 Vds 的增加而增加，呈現一穩定的汲極電流，所以此區的工作，可以稱為飽和區 (saturation region)，由 (3-6) 的公式可以看出，此時的電流理想上與 Vds 電壓無關，只與 Vgs-Vto 的平方項有關，所以有時將此特性成為平方項的電流特性。

$$V_{GS} > V_{TO} \quad V_{DS} > V_{GS} - V_{TO} \tag{3-5}$$

$$I_{DS} = \frac{1}{2} K_P \left(\frac{W}{L} \right) (V_{GS} - V_{TO})^2 \tag{3-6}$$

通常，線性區與飽和區的交界點，可以用 Vdsat = Vgs – Vto 來定義。如以 Vdsat = Vgs – Vto 代入式 (3-4)，其結果就如式 (3-6) 飽和電流的描述。

<MOS 的通道長度調變效應 >

　　由於 MOS 元件，經過實際的量測，如圖 3-9 的特性曲線，會發現 Vds 持續增加，在飽和區的汲極電流 Id，也會有稍微之增加。這效應與雙載子接面電晶體 (BJT) 的歐爾效應 (Early effect) 類似，可以將式 (3-5) 飽和區電流方程式修正為式 (3-6) 或 (3-7)。多了一調整因子 l (lambda) 的修正項。

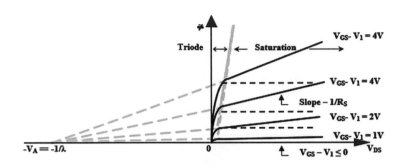

» 圖 3-9　考量通道長度調變效應之 Id-Vds 特性曲線 (l ≠ 0)

$$I_{DS} = \frac{1}{2} K_P \left(\frac{W}{L} \right) (V_{GS} - V_{TN})^2 (1 + \lambda(V_{DS} - V_{DS,SAT})) \qquad (3\text{-}7)$$

$$I_{DS} = \frac{1}{2} K_P \left(\frac{W}{L} \right) (V_{GS} - V_{TN})^2 (1 + \lambda V_{DS}) \qquad (3\text{-}8)(\text{if } V_{DS \cdot SAT} \sim 0 \text{ or} << 1)$$

<PMOS 元件之特性曲線 >

　　由於 PMOS 的工作機制與 NMOS 元件，剛好是相反，因此 PMOS 電晶體分析方法與 NMOS 電晶體類似，不過對於 Id 與各節點電壓的極性要注意。PMOS 的多數載子是電洞 (hole)，通常其源極接至較高與校正的電位，其導通的電流由源極產生，進入通道並從汲極流出。藉由圖 3-10(a) 的測試組態，只須考量 Vgs, Vds 都是以負偏壓的方式提供電源或掃描，就可以得到與 NMOS 元件類似的輸入與輸出電性曲線分析。

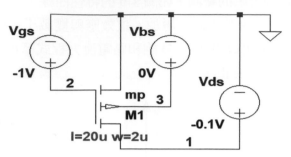

.model mp pmos(level=1 kp=30u vto=-0.7
+lambda=0.02 gamma=0.5 phi=0.6)

.dc Vgs 0 -2 -0.001 Vbs 0 2 0.5

(a) PMOS 元件測試組態

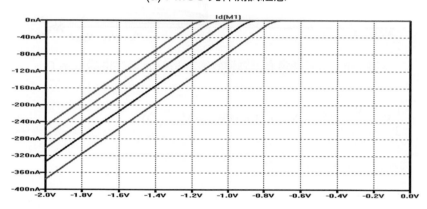

(b) Id-Vgs 輸入特性曲線

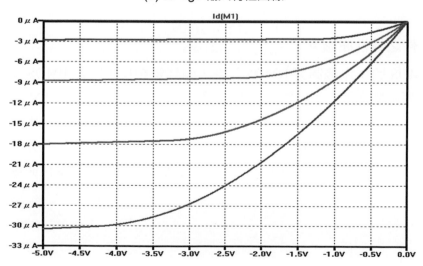

(c) Id-Vds 輸出特性曲線

» 圖 3-10　PMOS 特性曲線分析 (Permission by Analog Devices, Inc., copyright © 2018-2021)

透過圖 3-10(c) 與圖 3-11 的 LTspice 與 HSPICE 模擬結果，可知 PMOS 的工作，當 Vgs 的偏壓比導通的臨界電壓 (Vto= –0.7V) 更負時，如 Vgs= –0.9V，即 |Vgs|>|Vto|，PMOS 將會導通。當 Vds>Vgs –Vto 時，PMOS 會工作在線性區；當 Vds<Vgs –Vto 時，PMOS 會工作在飽和區。

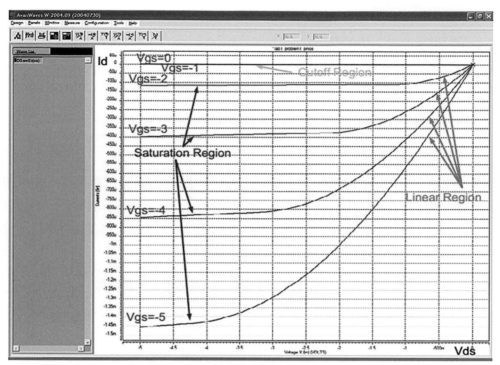

Id-Vds curve for PMOS

» **圖 3-11**　HSPICE 模擬完成之 Id-Vds 輸出特性曲線

表 3-1(a)　NMOS/PMOS 電晶體特性判斷對照表

Item	SPICE PARAM.	NMOS	PMOS
V_t	VTO	+	-
K'	KP	$\mu_n C_{ox}$	$\mu_p C_{ox}$
To turn Transistor on		$V_{GS} \geqq V_t$	$V_{GS} \leqq V_t$
To operate in the triode (linear) region		$0 \leqq V_{DS} < V_{GS} - V_t$	$0 \geqq V_{DS} > V_{GS} - V_t$

表 3-1(b)　NMOS/PMOS 電晶體特性及電流對照表

Item　　SPICE PARAM.	NMOS	PMOS
To operate in the saturation (pinch–off) region	$V_{DS} > V_{GS} - V_t$	$V_{DS} < V_{GS} - V_t$
$\lambda = 1/|V_A|$　　　LAMBDA	+	+
In triode region	$I_D = k'(W/L)[(V_{GS} - V_t)V_{DS} - 0.5V_{DS}^2]$ (NMOS) $I_D = - k'(W/L)[(V_{GS} - V_t)V_{DS} - 0.5V_{DS}^2]$ (PMOS)	
In saturation region	$I_D = 0.5k'(W/L)[(V_{GS} - V_t)^2](1 + \lambda V_{DS})$　(NMOS) $I_D = - 0.5k'(W/L)[(V_{GS} - V_t)^2](1 + \lambda |V_{DS}|)$ (PMOS)	

所以，總結 NMOS 與 PMOS 的工作區域判斷，對應的節點電壓關係、SPICE 對應的模型參數與相關的電流方程式，整理如表 3-1(a)~(c) 所示，者可以好好研讀 NMOS 與 PMOS 之間的關係。並透過本章的習題熟悉理論著手計算的結果與 LTspice 模擬驗證，掌握 NMOS/PMOS 電晶體在後續電路的應用。

表 3-1(c)　NMOS/PMOS 電晶體機體效應特性對照表

Characteristics of Enhancement NMOS and PMOS FET (Danny W. Chung)

Item　　SPICE PARAM.	NMOS	PMOS
γ　　　GAMMA	+	+
Body Effect　　(NMOS)	$V_t = V_{to} + \gamma [(2|\phi_F| + V_{SB})^{1/2} - (2|\phi_F|)^{1/2}]$	
(PMOS)	$V_t = V_{to} - \gamma [(2|\phi_F| + V_{BS})^{1/2} - (2|\phi_F|)^{1/2}]$	
$2|\phi_F|$　　　PHI	Surface potential for strong inversion	

3-3　理想反相器特性

反相器是數位電路中最普遍與使用最多的基礎邏輯閘。一個反相器會將輸入的高電位 (如 Vdd=5V)，在其輸出節點翻轉成 0V 的低電位。另外，其也可以將輸入的邏輯低電位 (0V)，在其輸出節點翻轉成 5V 的高電位。圖 3-12 所示為 (a) 反相器的電晶體電路、(b) 電路符號、(c) 真值表及 (d) 電壓轉換曲線。

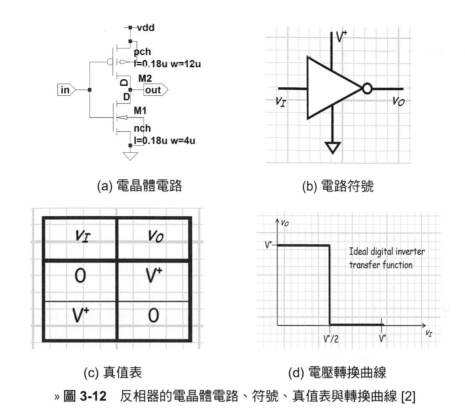

(a) 電晶體電路　　　　　　　　(b) 電路符號

(c) 真值表　　　　　　　　　(d) 電壓轉換曲線

» 圖 3-12　反相器的電晶體電路、符號、真值表與轉換曲線 [2]

　　對於一個理想的反相放大器，最容易說明其特質的就是圖 3-12(d) 的電壓轉換曲線 (Voltage Transfer Curve, VTC)。也就是其輸出端在邏輯 1 與邏輯 0 的變換，是一瞬間，而且是出現在輸入電壓落於 V+/2 的前後。當輸入 Vin<V+/2 時，輸出 Vo 仍然維持在邏輯 1(V+/2) 的電壓輸出； 當輸入 Vin>V+/2 時，輸出 Vo 則切換到邏輯 0(0V) 的電壓輸出。基於此特性，理想反相器，其邏輯 1 與 0 的切換，是出現在 V+/2 的瞬間，相較於圖 3-13 所示的非理想反相器的轉換曲線，理想反相器沒有未能定義的過度區域 (Transition region)。

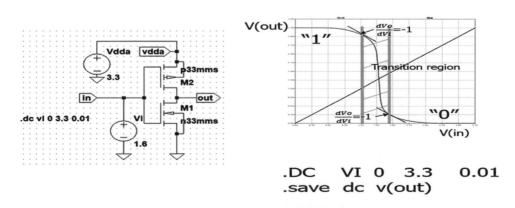

» 圖 3-13　非理想反相器之電壓轉換曲線 (VTC)

3-4　反相器直流效能參數

為了要能設計出接近理想反相器的電路，必須以客觀的方法進行反相器的效能評估。如同其他電路的設計或效能探討，先定義出反相器電路在意的九個直流效能參數，如圖 3-14 所示的轉換曲線所示。

(1) Vckt,sw when V(out)=V(in)

(2) Vo,max when Vin=0

(3) Vo,min when Vin=Vdd

(4) Voh when 1st $\frac{dVo}{dVi}$=-1

(5) Vol when 2nd $\frac{dVo}{dVi}$=-1

(6) Vil when 1st $\frac{dVo}{dVi}$=-1

(7) Vih when 2nd $\frac{dVo}{dVi}$=-1

(8) *Vnmh= Voh − Vih

(9) *Vnml = Vil - Vol

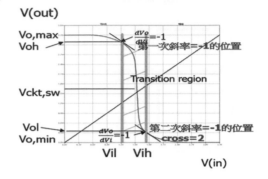

» 圖 3-14　反相器電壓轉換曲線及直流參數定義

在這 V(out) 對 V(in) 的轉換曲線，藉由數位邏輯概念、實際電壓的準位及電壓轉換曲線的微分導式 (斜率) 的使用，可以定義出 Vckt，sw、Vo，max、Vo，min、Voh、Vol、Vil、Vih、Vnmh 與 Vnml 等九個直流效能參數。分別說明如下：

(1) Vckt，sw－此為反相器由邏輯 1 切換到邏輯 0，當 V(out)=V(in) 時的輸入或輸出電壓值。

(2) Vo，max－此為反相器輸入為 0V，所得到輸出端的最高電壓值，理想反相器，此值 =VDD。

(3) Vo，min－此為反相器輸入為 VDD，所得到輸出端的最低電壓值，理想反相器，此值 =0V 或 GND。

(4) Voh when 1st $\frac{dVo}{dVi} = -1$－此為輸出轉換曲線，當其在第一個斜率為 –1 時，對應輸出端的電壓值，此值是保證輸入 Vin 為邏輯 0，得到輸出為 1 的邊界值。隨著 Vin 的增加，或 Vo 從 Voh 往下降時，就進入到沒法明確判斷的過度區了。或是表示輸出電壓可視為高電位的最小值。

(5) Vol when 2nd $\dfrac{dVo}{dVi}$ = −1 – 此為輸出轉換曲線，當其在第二個斜率為 −1 時，對應輸出端的電壓值，此值是保證輸入 Vin 為邏輯 1，得到輸出為 0 的邊界值。隨著 Vin 的增加，或 Vo 從 Vol 往下降時，就進入到輸出的邏輯 0 區域了。或是表示輸出電壓可視為低電位的最大值。

(6) Vil when 1st $\dfrac{dVo}{dVi}$ = −1 – 此為輸出轉換曲線，當其在第一個斜率為 −1 時，對應輸入端的電壓值，此輸入值是保證輸入 Vin 為邏輯 0，得到輸出為 1 的邊界值。隨著 Vin 的增加，或 Vo 從 Voh 往下降時，就進入到沒法明確判斷的過度區了。其表示輸入電壓可視為低電位的最大值。

(7) Vih when 2nd $\dfrac{dVo}{dVi}$ = −1 – 此為輸出轉換曲線，當其在第二個斜率為 −1 時，對應輸入端的電壓值，此值是保證輸入 Vin 為邏輯 1，得到輸出為 0 的邊界值。表示輸入電壓可視為高電位的最小值。

(8) Vnmh= Voh − Vih – 其是維持邏輯 1，在訊號傳遞過程中，可以容許的雜訊裕度，或高電位輸入所能容忍的最大雜訊。

(9) Vnml = Vil − Vol – 其是維持邏輯 0，在訊號傳遞過程中，可以容許的雜訊裕度，或低電位輸入所能容忍的最大雜訊。

實例 3-1

一個反相器積體電路，其 VDD=1.5V，Voh=1.3V，Vol=0.2V，Vih=1.0V，Vil=0.4V，求此反相器的 NML 及 NMH？

畫出相對訊號準位圖，利用公式求取此二直流效能參數。

【解】　　　　　Vo　　　　Vin

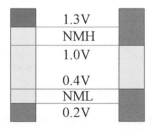

» 圖 3-15　雜訊裕度範例

由上圖 3-15 的呈現，可以算出 NMH=1.3 − 1.0 =0.3V

NML=0.4 − 0.2 =0.2V

實例 3-2

　　嘗試使用 LTspice 自動量測控制敘述 .meas 完成反相器九個直流效能參數的描述與模擬。

≫ 解題說明

　　首先，先列出 .meas 的基本格式，並作探討

.MEASURE　DC|AC|TRAN　userdef_var　find　…　when….　+rise/fall/cross=…at=value

　　.measure – 其為進行自動量測的關鍵字指令，只需要寫出四個字元 .meas 就可以執行。

　　DC|AC|TRAN – 可以依據分析的型態，指定為 DC、AC、TRAN 之一的分析。

　　Userdef_var – 使用者自訂的變數名稱，如 Trise、Tfall、fosc 等等，當執行完 .meas 後，得到的結果，會存放到此變數之中，而且其值為可數的數字，可以進行後續的數學運算。

　　Find… When – 此關鍵字的功能，類似其他高階語言的使用。此為條件的敘述使用。

　　Rise/fall/cross= – 此關鍵字可以用來確認指定波形的位置。譬如 rise=2，是指擬觀察變數的波形，在有興趣的過程範圍中，波形第二次上升的位置。

　　At=value – 此關鍵字可以用來指定 x 軸掃描變數所在 value 的位置。

　　針對以下的有效敘述，進行解說：

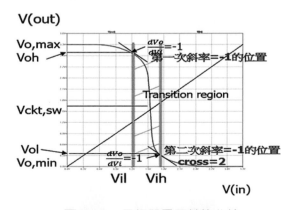

» 圖 3-16　反相器電壓轉換曲線

*analysis information

*

.meas　dc　vomax　find　v(out)　when　v(in)=0

　　* 此敘述是進行參數 vomax 的自動量測，當 v(in)=0 的輸入條件，找到對應 * 的輸出 v(out) 值，並存放於 vomax 之中。

.meas　　　dc　　　vomin　find　　v(out)　when　　v(in)=5

　　* 此敘述是進行參數 vomin 的自動量測，當 v(in)=5V 的輸入條件，找到對 * 應的輸出 v(out) 值，並存放於 vomin 之中。

.meas　　　dc　　　voh　　find　　v(out)　when　d(v(out))= −1

　　* 此敘述是針對輸出電壓轉換曲線 v(out)，找到此曲線之微分導式，當其第 * 一次的值 d(v(out))= −1，找到其對應的 v(out) 值，存於自訂的變數 voh，進 * 行參數 voh 的自動量測。

.meas　　　dc　　　vih　　find　　v(in)　　when　d(v(out))= −1.0　cross=2

　　* 此敘述是針對輸出電壓轉換曲線 v(in)，找到此曲線之微分導式，當其第 * 二次的值 d(v(out))= −1，使用 cross=2 以找到其對應的 v(in) 值，存於自訂 * 的變數 vih，進行參數 vih 的自動量測。

.meas　　　dc　　　vil　　find　　v(in)　　when　d(v(out))= −1

　　* 此敘述是針對輸出電壓轉換曲線 v(in)，找到此曲線之微分導式，當其第 * 一次的值 d(v(out))= −1，不須使用 cross=1，就可以自動找到其對應的 v(in) * 值，存於自訂的變數 vil，進行參數 vil 的自動量測。

.meas　　　dc　　　vol　　find　　v(out)　when d(v(out))= −1.0　cross=2

　　* 此敘述是針對輸出電壓轉換曲線 v(out)，找到此曲線之微分導式，當其第 * 二次的值 d(v(out))= −1，使用 cross=2 以找到其對應的 v(out) 值，存於自訂 * 的變數 vol，進行參數 vol 的自動量測。

3-5　反相器 MOSFET 尺寸計算

　　上一節內容的研讀，了解 MOSFET 的九個直流效能參數。通常在設計上，第一個要求是希望能得到對稱的電壓轉換曲線，即 Vckt，sw= Vdd/2，為了達到這個目標，可以將輸入電壓設在 Vin=Vdd/2，並藉由 NMOS 與 PMOS 電晶體尺寸的計算，使得輸出的目標，Vout=Vdd/2。藉由 NMOS 和 PMOS 電晶體的飽和電流相等，就可以求出電晶體的通道寬比 (設 NMOS 與 PMOS 電晶體所用的通道長度 = 複晶矽的最小線寬)，如式 (3-9) 所示：(假設不考慮通道調變效應，令 Lambda=0)

$$\frac{W_p}{W_n} = \frac{\mu_n}{\mu_p}[\frac{1-\dfrac{2V_{tn}}{V_{DD}}}{1-\dfrac{2|V_{tp}|}{V_{DD}}}]^2 \quad\text{(3-9a)}\quad \text{或}\quad \frac{W_p}{W_n} = \frac{K_n}{K_p}[\frac{1-\dfrac{2V_{tn}}{V_{DD}}}{1-\dfrac{2|V_{tp}|}{V_{DD}}}]^2 \quad\text{(3-9b)}$$

如果考量通道長度調變效應，則其結果將如以下式所呈現

$$\frac{W_p}{W_n} = \frac{K_n}{K_p}[\frac{1-\dfrac{2V_{tn}}{V_{DD}}}{1-\dfrac{2|V_{tp}|}{V_{DD}}}]^2 \frac{1+\lambda V_{DS}}{1+\lambda|V_{DS}|} \quad\text{(3-9c)}$$

實例 3-3

利用以下的 SPICE 模型參數，以及設計一靜態 CMOS 反相器，設電源 Vdd=5V，其工作電流在 40uA，計算所需的 NMOS 與 PMOS 的通道寬度為多少，才能得到 Vckt，sw=Vdd/2。假設 NMOS 與 PMOS 電晶體的通常度為 2 μm。

.MODEL MN NMOS(Level=1 Vto=0.6V KP=100u GAMMA=0.5 +PHI=0.6 lambda=0.01)

.MODEL MP PMOS(Level=1 Vto= − 0.7V KP=40u GAMMA=0.5 +PHI=0.6 lambda=0.02)

【解】：

$$\frac{W_p}{W_n} = \frac{K_n}{K_p}[\frac{1-\dfrac{2V_{tn}}{V_{DD}}}{1-\dfrac{2|V_{tp}|}{V_{DD}}}]^2 \frac{1+\lambda V_{DS}}{1+\lambda|V_{DS}|} \;\Rightarrow\; \frac{W_p}{W_n} = \frac{100\mu}{40\mu}[\frac{1-\dfrac{2*0.6}{5}}{1-\dfrac{2*|-0.7|}{5}}]^2 \frac{1+\lambda V_{DS}}{1+\lambda|V_{DS}|}$$

$$\Rightarrow\; \frac{W_p}{W_n} = \frac{100\mu}{40\mu}[\frac{1-\dfrac{2*0.6}{5}}{1-\dfrac{2*|-0.7|}{5}}]^2 \frac{1+0.01*2.5}{1+0.02*2.5} \;\Rightarrow\; \frac{W_p}{W_n} = (2.5)(1.1141975)*\frac{1.025}{1.05} = 2.7191724$$

如果以所給的條件，Id=40uA，為得到精確的結果，則須考量通道長度調變效應，可以先計算 NMOS 的 W，工作於飽和區。已知 Vgs=Vds=2.5V，所以

$$\text{Idn}=40\mu = \frac{1}{2}(100u)\frac{W}{2\mu}(2.5-0.6)^2(1+0.01*2.5)$$

$$\Rightarrow \text{Wn}= \frac{40\mu*2*2\mu}{(100\mu)(1.025)(1.9)^2} =0.432403u$$

同樣的求解步驟，計算 PMOS 的 W

$$\text{Idp}= -40\mu= -\frac{1}{2}(40u)\frac{W}{2\mu}(-2.5+0.7)^2(1+0.02*2.5)$$

$$\Rightarrow \text{Wp}= \frac{40\mu*2*2\mu}{(40\mu)(1.05)(1.8)^2} =1.175779u$$

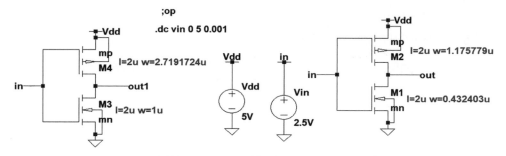

```
.MODEL  MN  NMOS(Level=1  Vto=0.6V  KP=100u  GAMMA=0.5  PHI=0.6 lambda=0.01)
.MODEL  MP  PMOS(Level=1  Vto=-0.7V  KP=40u  GAMMA=0.5  PHI=0.6 lambda=0.02)
```

» (a) 靜態 CMOS 反相器電路及 SPICE 參數

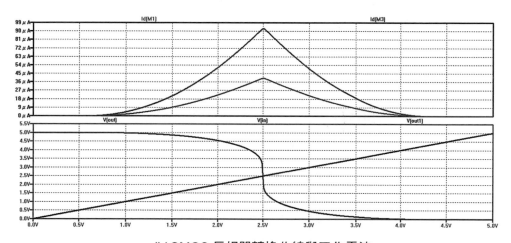

» (b)CMOS 反相器轉換曲線與工作電流

» 圖 3-17　靜態 CMOS 反相器設計範例

(Permission by Analog Devices, Inc., copyright © 2018-2021)

3-6　.SUBCKT 子電路概念

積體電路設計的概念，是建置在層次化的結構上，通常在一個大規模的電路或系統，會包含許多重複使用的小電路。因此，在電路的模擬過程，也可以藉由子方塊或子電路的概念，來完成電路的設計。子電路 (subcircuit) 之應用，如果在一複雜且較大的電路中，如有某一電路區域，重複地出現或被使用，即可利用 .SUBCKT 來定義此部分電路，其基本格式，也是類似一小區域的 SPICE 文字網表描述。而此子電路可視為一個電路元件用於電路中。子電路基本格式如下：

.SUBCKT　<DEFINITION　NME>　<NODE 1>　<NODE 2>…

次電路區塊電路描述

.ENDS　<DEFINITION NAME>

在此格式中，節點 NODE1、NODE2 等是用來連接外在電路之端點而子電路之定義可置於標題與結束敘述中的任一列中。

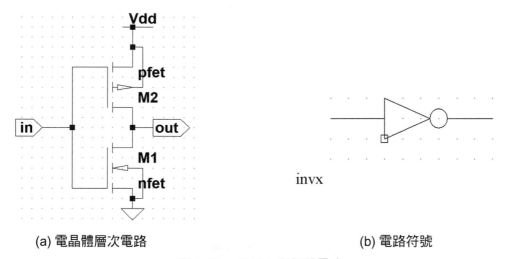

(a) 電晶體層次電路　　　　　　　　　　　　(b) 電路符號

» 圖 3-18　CMOS 反相器電路
(Permission by Analog Devices, Inc., copyright © 2018-2021)

透過圖 3-18 所示的反相器 (a) 電晶體層次電路與 (b) 電路符號，可以建置反相器子電路的描述，進行之後要呼叫使用的 .subckt inv 其細節描述如下：

.subckt　invx　in　out

m1 out in vdd vdd pfet W=4u L=0.6u

m2 out in 0　0 nfet W=2u L=0.6u

.ends invx

.global vdd

.model nfet nmos(level=1 vto=0.6 kp=100u)

.model pfet pmos(level=1 vto=-0.7 kp=40u)

註　1.　對於整個子電路的描述，在控制指令的關鍵字 .subckt 與 .ends 之間的描述，與之前主電路描述的規則相同，如此範例中的 m1 與 m2 的描述

2.　另外，子電路中不須放置 .model 模型的描述，只要在主電路出現即可。

3.　以本範例的探討，由於子電路實際上是有四個端點 (in、out、vdd、0)

但是 .subckt inv in out 只敘述的輸入與輸出端點，由於 0 是共用的的電位，不管是主電路或子電路是可以判別的。但是，vdd 是使用者自訂的節點名稱。因此，需用關鍵控制指令 .global vdd 來帶出子電路的內部端點，以便之後在主電路所定義的 vdd 節點名稱可以連結至子電路使用。

實例 3-4

嘗試利用 LTspice 及子電路 .subckt 的概念，完成一個由反相器 invx 所建置之三級串接的環形振盪器電路。

【解】：

首先，進入 LTspice 的工作視窗，完成 invx 反相器的電晶體電路建置。如圖 3-19(a) 所示。接著，須產生此反相器的子電路符號 (Symbol)，如圖 3-19(b) 點選 Hierarchy，先點選第一欄：Open this Sheet's Symbol，如果找不到任何先前建置的電路符號，就會出現圖 3-19(c) 的訊息，是否要產生電路符號。選擇是 (Y)，就可以完成圖 3-19(d) 自動產生子電路 invx 的符號圖。

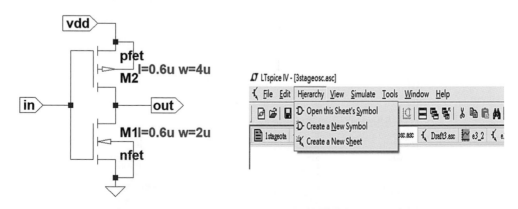

(a) 反相器電晶體電路　　　　　　　　(b) 建置反相器的子電路符號步驟

» **圖 3-19**　反相器子電路建置

(Permission by Analog Devices, Inc., copyright © 2018-2021)

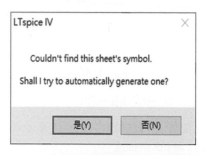

(c) 是否要自動產生電路符號的訊息

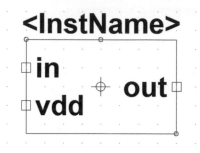

(d) 自動產生子電路 invx.

» **圖 3-19** 反相器子電路建置 (續)

　　如圖 3-20(a) 所示，繼續往下建置由反相器 invx 所構成之三級串接的環形振盪器電路。可以開啟一新建電路的工作視窗，呼叫可連結的新電路符號庫路徑 (C：\Users\user\Documents\LTspice_Book\Book202002，看到共有自己產生的二個元件的電路符號名稱 (invx 與 nmos4danny)，呼叫 invx，就可以建置所須完成的三級串接的環形振盪器電路，如圖 3-20(b)~(d) 的過程與結果。

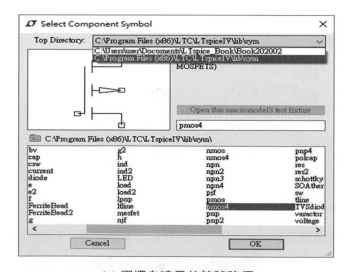

(a) 選擇自建元件符號路徑

圖 3-20　三級環形振盪器建置

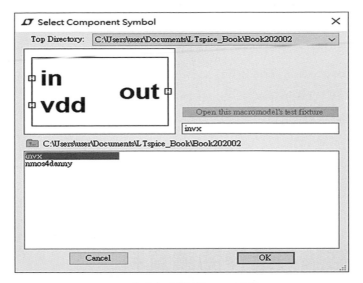

(b) 呼叫自建符號 invx 元件
(Permission by Analog Devices, Inc., copyright © 2018-2021)

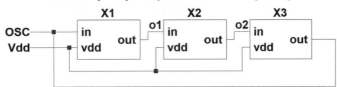

(c) 完成之三級串接的環形振盪器電路

» 圖 3-20　三級環形振盪器建置 (續)
(Permission by Analog Devices, Inc., copyright © 2018-2021)

　　圖 3-20(c) 電路相對應的 SPICE 網表，看到對子電路 invx 的三次呼叫，以及構成以 X…的字元完成的子電路敘述，可以看出其相對應的 Vdd、輸入與輸出端的節點名稱與連結。

```
* C:\Users\user\Documents\LTspice_Book\Book202002\3stageosc.asc
XX1 OSC Vdd o1 invx
XX2 o1 Vdd o2 invx
XX3 o2 Vdd OSC invx
* block symbol definitions
.subckt invx in vdd out
M1 out in 0 0 nfet l=0.6u w=2u
M2 out in vdd vdd pfet l=0.6u w=4u
.ends invx
```

```
.model NMOS NMOS
.model PMOS PMOS
.lib C：\Program Files(x86)\LTC\LTspiceIV\lib\cmp\standard.mos
.model  nfet  nmos(level=1 vto=0.6  kp=100u)
.model  pfet  pmos(level=1 vto=-0.7 kp=40u)
.backanno
.end
```

3-7　結論與延伸閱讀資料

　　本章探討 NMOS 及 PMOS 電晶體的結構與特性，並對於 LTspice 在 MOS 元件與反相器的直流分析，做整體性的探討。積體電路設計上，需考慮層次化的設計，帶出子電路 .subckt 的描述與使用的範例。初學者對於 NMOS/PMOS 基礎特性分析與反相器直流參數，利用 .meas 控制敘述的自動求取概念，需要下功夫學習。本章主要的延伸閱讀資料列於如後：

[1] 金屬氧化物半導體場效電晶體 https：//zh.wikipedia.org/zh-tw/%E9%87%91%E5%B1%AC%E6%B0%A7%E5%8C%96%E7%89%A9%E5%8D%8A%E5%B0%8E%E9%AB%94%E5%A0%B4%E6%95%88%E9%9B%BB%E6%99%B6%E9%AB%94

[2] Digital Inverters https：//slide-finder.com/view/THE-INVERTERS--Digital.273481.html

標準數位電路單元之特性分析

學習大綱

　　本章對於 LTspice 在時間領域的暫態或瞬態分析，做整體性的探討。在實體世界中，需考慮隨時間變化的激勵訊號輸入電路或系統，觀察輸出的響應。另外，在數位積體電路的設計，標準電路元庫的開發與特性分析，則特別重要。如何利用 .meas 的自動求取概念，仍是學習的重點。本章將會深入解析 .meas 控制敘述的應用及帶出子電路層次化結構的概念。

4-1　簡介

　　隨著半導體製程的不斷進步，晶片設計日趨複雜，使用標準電路單元庫的設計是必然的趨勢 [1-2]。標準電路單元設計方法 (Standard cell design methodology) 是指一種特殊應用積體電路設計中使用數位邏輯的方法。一個標準電路單元是指一系列由電晶體和連線結構組成的具有布林邏輯功能或者正反器功能的數位閘單元。標準電路細胞庫或單元庫 (standard cell library) 是半客製化 (Semi-custom design) 積體電路設計所需要的智財庫，電路元庫的元件，通常可以分為兩大類，一類用來組成電路，如 INVERTER、NAND、NOR 等元件；另一類則在晶片實體佈局 (Physical layout) 時做輔助之功能，如 FILLER(跨線單元) 元件以提供晶片較佳之電氣特性。在標準電路元 (Cell-Based) 設計流程中，標準元件庫提供使用者及積體電路設計自動化軟體必要的資訊。一般標準元件庫會提供的資訊包括：(1) 元件實體佈局 (Physical layout)；(2) 邏輯 (Logic) 資訊；(3) 時序 (Timing) 資訊；(4) 功率 (Power) 資訊。其主要的內容，包含有每個電路元的電晶體電路圖、電路符號圖、真值表、佈局圖、電路性能參數表等。如

圖 4-1 所示為典型的標準細胞 (電路) 元庫的建立與特性化分析流程 [2]，由於標準電路元件庫的每一電路元，都須由 ASIC 設計工程師協助完成其靜態 (本書第三章探討的直流參數) 與動態 (時變訊號響應) 的特性分析。

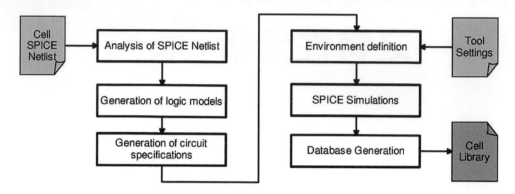

» **圖 4-1** 典型的標準電路元庫的建立與特性化分析流程 [1]

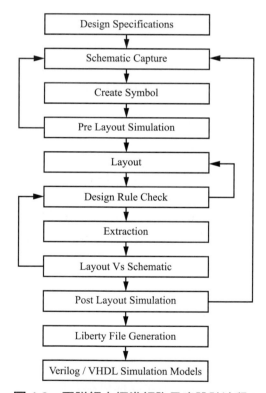

» **圖 4-2** 更詳細之標準細胞元庫設計流程 [2]

因此，在本章對於 SPICE 之學習，接著要進行的是 CMOS 元件或標準電路元的暫態分析，如圖 4-3 所示的電路與特性參數列表，包括響應波形之上升、下降與傳遞延遲時間參數的求取等。這些動態效能參數的提供，將可幫助數位電路設計工程師，在使用硬體描述語言的設計過程，呼叫元件庫，可以有更精確的電路元時間參數資訊，而得到較佳的模擬結果，有助於未來數位電路與系統設計實現的掌握度。

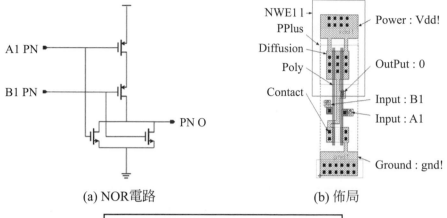

(a) NOR電路　　　　　　　　　　(b) 佈局

NAND Cell				
Tools	Verilog Result		Hspice Result	
Time Unit(PS)	Rising	Falling	Rising	Falling
A1-O	310	350	314	350
B1-O	290	360	289	355

(c) 部分時間參數 [3]

» **圖 4-3　標準電路元範例 [3]**

4-2　激勵信號與時變波形描述

由於暫態分析主要是執行各種電路在時間領域中之響應，因此 SPICE 亦提供各種輸入激勵 (stimulus 或 excitation)，作為各類電路不同之需要。基本上，包含指數 (Exp) 脈波 (Pulse)、片段線性波 (PWL)、正弦波 (SIN) 及單頻率調頻波 (SFFM) 等輸入型態。在本節中，將以電路分析中較常用到的脈波、片段線性波及正弦波做較詳細之介紹。

1. 脈波電源 (Pulse Source)

　　脈波電源波形與格式如下之描述：

　　PULSE(V1 V2 TD TR TF PW PER)

表 4-1　脈波電源之參數定義

參數名稱	定　義	單位	預設值
V1	起始電壓	伏特	無
V2	激勵電壓	伏特	無
TD	延遲時間	秒	0
TR	上升時間	秒	TSTEP
TF	下降時間	秒	TSTEP
PW	脈波寬度	秒	TSTOP
PER	週　期	秒	TSTOP

實例 4-1

已知有一 duty cycle 為 50% 的方塊波，其信號頻率為 1kHz，基準電壓為 0 volt，大小為 5V，延遲時間為 0 秒，上升及下降時間為 10u sec，以脈波電源波形表示之。

≫ 解題說明

由於 duty cycle 為 50%，信號頻率為 1kHz。因此，可知其週期為 1/f=1kHz=1ms=PER，而脈波寬度，可由下列計算求得：

1ms/2 = 0.5ms，PW=0.5ms – 0.01ms = 0.49ms

因此，其脈波波形可以描述如下：

PULSE (0　5　0　10μs　10μs　0.49ms　1ms)

如圖 4-4 所示，呈現出此激勵脈波的範例，可以看到 V(n1) 輸入波形其工作週期為 50% 的脈波模擬結果：

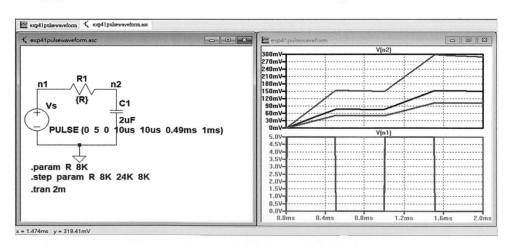

≫ 圖 4-4　V(n1) 工作週期 50% 的脈波模擬結果

(Permission by Analog Devices, Inc., copyright © 2018-2021)

2.　片段線性波形 (PWL)

片段線性波形 (PWL：Piece-wise linear) 及格式如下之描述：

PWL(t0，V0，t1，V1，t2，V2，……，tn，Vn)

其中　　t0，t1，t2，……，tn 是指其第 n 點之時間

V0，V1，V2，……，Vn 是指其第 n 點之大小

在表示格之逗處 (，) 可省略不用。

註　時間點的描述，須為單調遞增函數，即 t0<t1<t2<…<tn。

此種波形是用途最廣泛的輸入型態，由於描述方式極簡單，不需刻意去記憶波形之格式，故常被用來代替只需觀察前幾個週期之輸入脈波的需要。另外，在電路分析中，斜波函數 (ramp function)、三角形等皆很容易以片段線性式波形描述。在類比電路應用上，PWL 波形很適合作為輸出最大迴旋率 (slew rate) 及安定時間 (setting time) 等測試輸入波形之應用。

如圖 4-5 所示，利用 PWL 方式取代 PULSE，呈現出與【實例 4-1】相同結果的範例，得到 V(n1) 之工作週期為 50% 的脈波模擬結果：

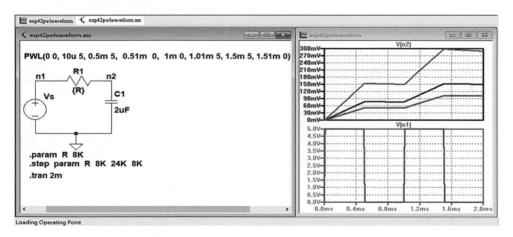

» **圖 4-5**　V(n1) 工作週期 50% 的脈波模擬結果
(Permission by Analog Devices, Inc., copyright © 2018-2021)

3.　弦態波形 (SIN)

弦態波形 (SIN) 及格式如下之描述：

SIN(V1　V2　freq　td　df　phase)

其中

V1 代表補償電壓

V2 代表振幅峰值電壓

freq 代表輸入頻率

td 代表延遲時間

df 代表阻尼因數

phase 代表相角

SIN 波形可以描述成下之數學式

$$V = v_O + V_a * e^{-df(t-t_d)} * SIN\left[2\pi f(t-t_d) - (phase/360))\right]$$

實例 4-2

SIN(0   1V   10KHz   10us   0   30DEG)

  ↓   ↓   ↓   ↓   ↓   ↓

Vo   Va   freq   td   df   phase

如圖 4-6 所示為一分壓電路 V(n1) 輸入和 V(n2) 輸出之弦態響應模擬結果，其特點為弦態波有 10us 及 30 度的波形延遲。

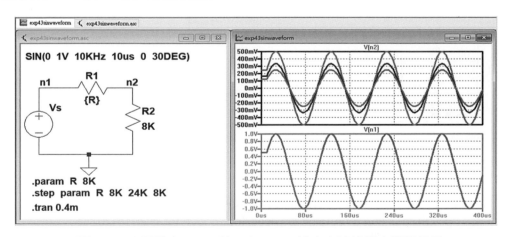

» 圖 4-6　分壓電路 V(n1) 輸入和 V(n2) 輸出之弦態響應模擬結果
(Permission by Analog Devices, Inc., copyright © 2018-2021)

在電路分析中，除了週期脈波、斜坡函數等之輸入應用外，弦態響應亦佔了重要的角色。弦態響可用作相角分析 (phasor)、頻率響應及傅氏轉換 (Fourier Transform) 等應用。而在類比電路分析上，弦態波形之輸入，可以用來判斷放大器在某指定之弦態輸入頻率下，在時間領域中的響應情形，是否呈現穩定輸出與振盪等情況。故弦態波形，在 SPICE 的電路分析中，亦是一種要之輸入波形。

4-3　暫態與時間參數分析

暫態分析 (或瞬態分析) 是實際電路與實體世界運用最多的一種分析，其是屬於一種非線性且隨時間變化的分析，所以是最複雜與最耗時的分析。通常，暫態分析是須在電路的輸入端設定其時變的激勵信號後，計算出電路各輸出的變量 (包括各節點電壓與各元件之分支電流) 隨著時間變化的響應。基本上，此種分析是要觀察電路在電源加上或啟動後，觀察電路的響應。暫態分析的基本語法及說明如下：

(1)　.TRAN <Tstep> <Tstop> [Tstart [dTmax]] [modifiers]

(2)　.TRAN <Tstop> [modifiers]

針對較常用的 (1) 作探討。(1) 的描述方式是傳統 SPICE 的語法，如圖 4-7 所示的工作視窗，可依實際的需要設定各參數：

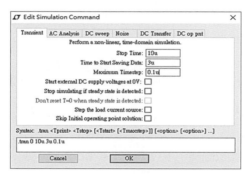

» **圖 4-7**　暫態分析視窗設定
(Permission by Analog Devices, Inc., copyright © 2018-2021)

(1)　Tstep 是波形在時間軸的繪圖增量，但也用作初始每一時間段增量的猜測。由於 LTspice 使用波形壓縮，因此通常 Tstep 參數值很小，可以省略或將其設置為零。

(2)　Tstop 是模擬持續的總時間。一般的暫態分析總是在等於零 (t=0) 的時間開始。

(3)　但是，如果指定 Tstart，則 SPICE 執行的結果不會保存 0 到 Tstart 之間的波形數據。這是一種通過忽略電路剛啟動時，可能有某一時段暫態或不穩定的響應變化，如可以忽略振盪器電路在尚未穩定前的起始時段，以管理只觀察出現有意義的波形探討。

(4)　最終的參數 dTmax 是積分電路方程式時要花費的最大時間步長 (time step)。

(5)　如果在暫態分析的敘述中，指定 Tstart 或 dTmax，則必須同時要指定 Tstep。

實例 4-3

嘗試建置一三級的環形振盪器電路，並觀察 .tran 敘述設定的影響。

≫ 解題說明

先沿用及呼叫第三章所建置的 invx 的子電路，完成以下圖 4-8 的 3stageosc 的電路，經由 Vdd 電源的設定、.tran 的使用、以及 .ic v(osc)=5 的是否使用，得到以下如圖 4-9 的結果與 .tran 設定的輸出結果探討。

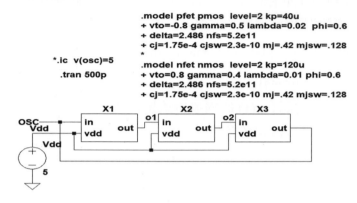

» 圖 4-8 三級環形振盪器電路
(Permission by Analog Devices, Inc., copyright © 2018-2021)

其對應的 SPICE 網表如下：

```
* C:\Users\user\Documents\LTspice_Book\Book202002\3stageosc.asc
XX1 OSC Vdd o1 invx
XX2 o1 Vdd o2 invx
XX3 o2 Vdd OSC invx
Vdd Vdd 0 5


* block symbol definitions
.subckt invx in vdd out
M1 out in 0 0 nfet l=0.6u w=2u
M2 out in vdd vdd pfet l=0.6u w=4u
.ends invx
.model NMOS NMOS
.model PMOS PMOS
.lib C:\Program Files (x86)\LTC\LTspiceIV\lib\cmp\standard.mos
.model pfet pmos  level=2 kp=40u
```

```
+ vto=-0.8 gamma=0.5 lambda=0.02  phi=0.6
+ delta=2.486 nfs=5.2c11
+ cj=1.75e-4 cjsw=2.3e-10 mj=.42 mjsw=.128
*
.model nfet nmos  level=2 kp=120u
+ vto=0.8 gamma=0.4 lambda=0.01 phi=0.6
+ delta=2.486 nfs=5.2e11
+ cj=1.75e-4 cjsw=2.3e-10 mj=.42 mjsw=.128
.tran 0 500p 80p
*.ic  v(osc)=5
.backanno
.end
```

a. 首先，對於圖 4-2 的電路，只指定總模擬的觀察時間 Tstop=500p，如以下的設定，而且，尚不給定節點 osc 的初值條件設定 (即 *.ic v(osc)=5)：

.tran 500p

*.ic　v(osc)=5　得到如圖 4-9 三級環形振盪器電路的原始輸出波形，看到在 time=80ps 之前，振盪器未起振的輸出，直到接近 80ps 後，開始有 0 ～ 5V 完整的振盪波形。

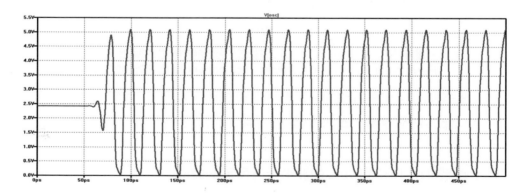

» 圖 4-9　三級環形振盪器電路的原始輸出波形
(Permission by Analog Devices, Inc., copyright © 2018-2021)

b. 對 於 .tran 的 設 定，除 了 Tstop=500p 的 設 定 外，增 加 Time to Start Saving Data=80p 的設定，也就是忽略前面 0 ～ 80ps 的波形資訊，從 Tstart=80ps 開始記錄 V(osc) 的輸出響應。所以，直接得到的是圖 4-9 V(osc) 已經穩定的輸出波形響應。

　　此範例中的圖 4-9 或圖 4-10 的輸出波形，有興趣的時間效能參數是 Tosc(振盪週期) 與 fosc(振盪頻率)。在下一章節，將介紹如何利用 .meas 來完成這些時間參數的自動求取。

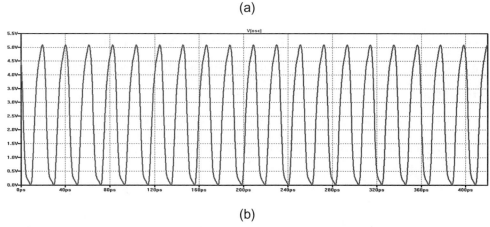

(a)

(b)

» 圖 4-10　(a).tran 設定 (b) 三級環形振盪器電路的輸出波形
(Permission by Analog Devices, Inc., copyright © 2018-2021)

　　接著，繼續探討反相器電路的關鍵時間效能參數，如圖 4-10 所示，總共有 Trise、Tfall、Tphl、Tplh 四個參數。此四個參數，都是依據反相器輸出端的效能做定義，說明如下：

Trise – 輸出端電壓由 10% 到 90% 的波形上升所需的時間。

Tfall – 輸出端電壓由 90% 到 10% 的波形下降所需的時間。

Tphl – 輸入端電壓由低到高上升波形到 50% 的 VDD 中點，造成輸出端電壓由高到低下降到 50% 的 VDD 波形，所經過的延遲時間。

Tplh – 輸入端電壓由高到低下降波形到 50% 的 VDD 中點，造成輸出端電壓由低到高上升到 50% 的 VDD 波形，所經過的延遲時間。

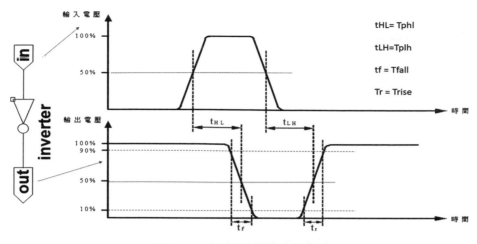

» 圖 4-11　反相器時間參數定義

　　本節所討論的反相器的時間效能參數，也可以推廣到由二級反相器串接的緩衝器 (Buffer) 時間效能參數量測，但是提醒的是緩衝器是輸入端與輸出端具有同相的波形響應。

4-4　　.measure 敘述與應用

　　之前在第三章實例 3-2，嘗試使用 LTspice 自動量測控制敘述 .meas 完成反相器九個直流效能參數的描述與模擬。本節所討論的 .meas 是針對時變響應的輸出波形結果，使用 TRIG 與 TARG 的關鍵字，完成數位電路元的動態效能參數之自動量測，如圖 4-12 所示。其語法與說明如下：

- *1. MEASURE Statement : Rise, Fall, and Delay*
- Syntax :
- *.MEASURE DC|AC|TRAN userdef_var TRIG ... TARG ...*
-
- *userdef_var : User Defined Parameter (Name) Given the Measured Value in HSPICE Output*
- *TRIG ... : TRIG trig_var VAL=trig_value <TD=time_delay> <CROSS=n> <RISE=r_n> + <FALL=f_n|LAST>*
- *TARG ... : TARG targ_var VAL=targ_value <TD=time_delay> <CROSS=n|LAST> +<RISE=r_n|LAST> <FALL=f_n|LAST>*
- *TRIG ... : TRIG AT=value*
- Example:
- .meas TRAN tprop trig v(in) val=2.5 rise=1 targ v(out) val=2.5 fall=1

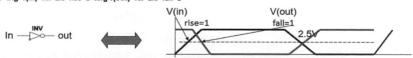

» 圖 4-12　.meas 於動態時間參數之應用

相較於上一章實例 3-2 的 .meas，在這節所用之自動量測，主要是靠著 TRIG 與 TARG 的使用，以圖 4-12 的例子說明如下：

.meas TRAN tprop trig v(in) val=2.5 rise=1 targ v(out) val=2.5 fall=1

(1) TRIG … ： TRIG trig_var VAL=trig_value <TD=time_delay> <CROSS=n> <RISE=r_n> <FALL=f_n|LAST>

TRIG 為 TRIGGER 的簡寫，其類似於使用示波器之第一點的十字游標，用來標出擬觀察的時間參數的第一點位置的訊息，其可藉由指定當參考的變數的條件，如 trig_var 為 v(in) VAL=2.5V RISE=1，就可確定起始的參考點。

(2) TARG … ： TARG targ_var VAL=targ_value <TD=time_delay> <CROSS=n|LAST> <RISE=r_n|LAST> <FALL=f_n|LAST>

TARG 為 TARGET 的簡寫，其類似於使用示波器目標條件之第二點的十字游標，用來標出擬觀察的時間參數的第二點位置的訊息，其可藉由指定當目標的變數的條件，如 targ_var 為 v(out) VAL=2.5V FALL=1，就可確定目標的參考點。

(3) 藉由 TRIG… 及 TARG… 二個條件所得的時間差數值，就會被指定的存入於此例的自訂電性參數 tprop 中，完成此次的自動量測。

實例 4-4

如圖 4-13 所示之 (a) 三級環形振盪器電路及其 (b) 輸出結果，嘗試找出其對應的振盪週期與頻率。

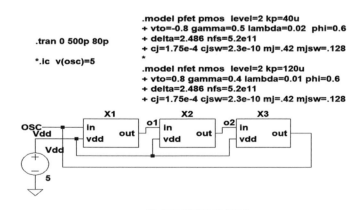

(a) 三級環形振盪器電路

» **圖 4-13** 三級環形振盪電路

(Permission by Analog Devices, Inc., copyright © 2018-2021)

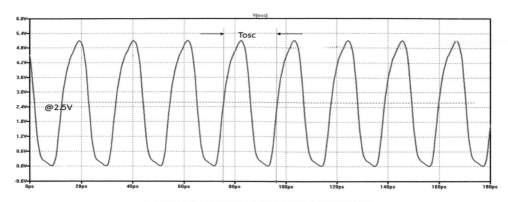

(b) 三級環形振盪器電路的輸出振盪波形

» **圖 4-13**　三級環形振盪電路 (續)

(Permission by Analog Devices, Inc., copyright © 2018-2021)

≫ 解題說明

　　根據圖 4-13(b) 三級環形振盪器電路所得到的輸出振盪波形，可以選擇第四個與第五個上升的波形，構成一重複出現的週期，算出 Tosc，

　　.meas TRAN　Tosc　TRIG　v(osc)　VAL=2.5　RISE=4　TARG　v(osc) +VAL=2.5 RISE=5

　　⇒　tosc=2.10805e-011 FROM 7.54383e-011 TO 9.65187e-011

進一步，透過 .meas 的算術運算，可以 fosc=1/Tosc 算出振盪頻率。

　　.meas　TRAN　fosc　param　1/Tosc

　　⇒ fosc： 1/tosc=4.74372e+010

　　⇒ 上述的語法，在關鍵字 param 之後，就可以執行函數或數學運算，1/Tosc，即取 Tosc 的倒數，就得到 fosc。

4-5　環形振盪器分析

在前面幾章節，已經探討時變信號電源的描述、暫態分析的概念，並嘗試使用 LTspice 自動量測控制敘述 .meas 完成直流或動態效能參數的描述與模擬。本節將進一步地討論電路在供應電源 (Vdd)、工作溫度、製程參數或輸出負載的變化，如何利用 LTspice 的控制敘述，完成多參數變化，一次性的完整模擬，如圖 4-14 所示。

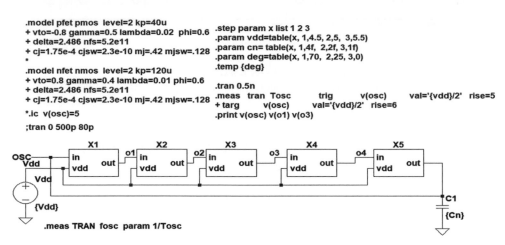

» 圖 4-14 (a)　五級環形振盪器電路
(Permission by Analog Devices, Inc., copyright © 2018-2021)

首先，探討如圖 4-14(a) 的五級環形振盪器電路，此種電路又稱為鈴振盪電路 (Ring Oscillator)，其是將奇數級的反相器串接，將最後一級的輸出接回第一級的輸入。此種架構，會因為每次回授的信號與上一狀態剛好相反 (Vdd=>0V=>Vdd…) 而達到穩定振盪的結果與波形輸出。以下所示為完整的 SPICE 網表。

```
* C：\Users\user\Documents\LTspice_Book\Book202002\5stageosc.asc
XX1 OSC Vdd o1 invx
XX2 o1 Vdd o2 invx
XX3 o2 Vdd o3 invx
Vdd Vdd 0 {Vdd}
XX4 o3 Vdd o4 invx
XX5 o4 Vdd OSC invx
C1 OSC 0 {Cn}
* block symbol definitions
.subckt invx in vdd out
M1 out in 0 0 nfet l=0.6u w=2u
M2 out in vdd vdd pfet l=0.6u w=4u
.ends invx
.model NMOS NMOS
.model PMOS PMOS
.lib C：\Program Files (x86)\LTC\LTspiceIV\lib\cmp\standard.mos
.model pfet pmos   level=2 kp=40u
+ vto=-0.8 gamma=0.5 lambda=0.02  phi=0.6
+ delta=2.486 nfs=5.2e11
+ cj=1.75e-4 cjsw=2.3e-10 mj=.42 mjsw=.128
*
.model nfet nmos   level=2 kp=120u
+ vto=0.8 gamma=0.4 lambda=0.01 phi=0.6
+ delta=2.486 nfs=5.2e11
+ cj=1.75e-4 cjsw=2.3e-10 mj=.42 mjsw=.128
;tran 0 500p 80p
*.ic  v(osc)=5
.meas TRAN  fosc  param 1/Tosc
.step param x list 1 2 3
.param vdd=table(x, 1，4.5, 2，5,  3，5.5)
.param cn= table(x, 1，4f,  2，2f, 3，1f)
.param deg=table(x, 1，70,  2，25, 3，0)
.temp {deg}
.tran 0.5n
.meas    tran  Tosc                trig                v(osc)
val='{vdd}/2'   rise=5
+ targ          v(osc)          val='{vdd}/2'   rise=6
.print v(osc) v(o1) v(o3)
.backanno
.end
```

在這網表中，看到反相器子電路 .subckt invx 的描述、子電路元件 X 的呼叫。另外，也看到多參數變化的建置。在 LTspice 的語法，如 {Cn}、{Vdd}、{deg} 的使用，再搭配 .step param x 及 table 列表的敘述方式，就可以進行多參數與多狀況一次性完整的模擬。如以下的範例說明：

.step param x list 1 2 3

.param vdd=table(x, 1，4.5, 2，5，3，5.5)

.param cn= table(x, 1，4f, 2，2f, 3，1f)

.param deg=table(x, 1，70, 2，25, 3，0)

.temp {deg}

其中，.step param x list 1 2 3 是使用 .step 與參數組合的設定，依據狀況 1 ～ 3 的條件設定進行模擬。

.param vdd=table(x, 1，4.5, 2，5, 3，5.5) 是定義 vdd 參數在狀況 1 ～ 3 的設定，分別為 4.5V、5.V、5.5V。

.param cn= table(x, 1，4f, 2，2f, 3，1f) 是定義 cn 參數在狀況 1 ～ 3 的設定，分別為 4fF、2fF、1fF。

.param deg=table(x, 1，70, 2，25, 3，0)

.temp {deg} 是先利用 .temp 控制敘述關鍵字，指定其參數化的變數為 deg，並定義 deg 參數在狀況 1 ～ 3 的設定，分別為 70°C、25°C、0°C。

因此，上述三種狀況的組合，模擬最慢的狀況 (4.5V、4fF、70°C)、典型狀況 (5V、2fF、25°C)、最快狀況 (5.5V、1fF、0°C) 的組合。圖 4-14(b) 為五級環形振盪器電路的模擬結果，觀察 v(osc) 及 v(o3) 的振盪波形，並透過 LTspice 多參數狀況列表化模擬的方式，完成最快、典型、最慢三種狀況的模擬，利用 .meas 自動量測及運算，得到 tosc 與 fosc 的關鍵參數結果。

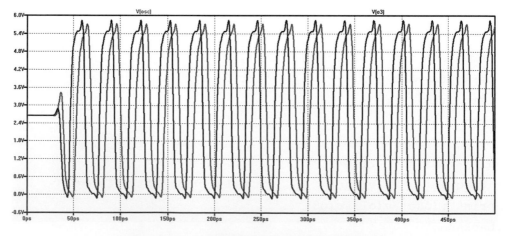

» 圖 4-14(b)　五級環形振盪器電路的模擬結果

Measurement：fosc

step	1/tosc
1	1.40829e+010
2	2.26279e+010
3	3.21516e+010

Measurement：tosc

step	tosc	FROM	TO
1	7.10082e-011	3.58405e-010	4.29413e-010
2	4.41932e-011	1.84226e-010	2.28419e-010
3	3.11026e-011	1.47042e-010	1.78144e-010

接著，可以進一步地利用圖 4-14 的五級環形振盪器電路為一子電路單元，串接此子電路六級後，再串接一反相器，完成一 31 級的環形振盪器電路，如圖 4-15(a) 所示。也列出此電路對應的 SPICE 完整的網表。

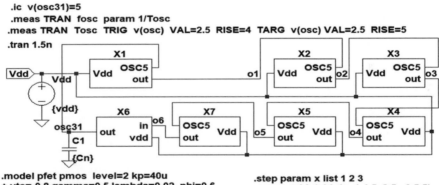

» 圖 4-15(a)　31 級的環形振盪器電路
(Permission by Analog Devices, Inc., copyright © 2018-2021)

```
*C：\Users\user\Documents\LTspice_Book\Book202002\31stageosc.asc
XX6 o6 Vdd osc31 invx
XX1 Vdd osc31 o1 5sok_osc
XX2 Vdd o1 o2 5sok_osc
XX3 Vdd o2 o3 5sok_osc
XX4 Vdd o3 o4 5sok_osc
XX5 Vdd o4 o5 5sok_osc
Vdd Vdd 0 {vdd}
XX7 Vdd o5 o6 5sok_osc
C1 osc31 0 {Cn}
* block symbol definitions
.subckt invx in vdd out
M1 out in 0 0 nfet l=0.6u w=2u
M2 out in vdd vdd pfet l=0.6u w=4u
.ends invx
.subckt 5sok_osc Vdd OSC5 out
XX1 OSC5 Vdd o1 invx
XX2 o1 Vdd o2 invx
XX3 o2 Vdd o3 invx
XX4 o3 Vdd o4 invx
XX5 o4 Vdd out invx
.ends 5sok_osc
.model NMOS NMOS
.model PMOS PMOS
.lib C：\Program Files (x86)\LTC\LTspiceIV\lib\cmp\standard.mos
.model pfet pmos  level=2 kp=40u
+ vto=-0.8 gamma=0.5 lambda=0.02  phi=0.6
+ delta=2.486 nfs=5.2e11
+ cj=1.75e-4 cjsw=2.3e-10 mj=.42 mjsw=.128
*
```

```
.model nfet nmos  level=2 kp=120u
+ vto-0.8 gamma=0.4 lambda=0.01 phi=0.6
+ delta=2.486 nfs=5.2e11
+ cj=1.75e-4 cjsw=2.3e-10 mj=.42 mjsw=.128
.meas TRAN  Tosc  TRIG  v(osc31)  VAL=2.5  RISE=4  TARG  v(osc31)
VAL=2.5  RISE=5
.meas TRAN  fosc  param 1/Tosc
.ic  v(osc31)=5
.tran 1.5n
.step param x list 1 2 3
.param vdd=table(x, 1，4.5, 2，5,  3，5.5)
.param cn= table(x, 1，4f,  2，2f, 3，1f)
.param deg=table(x, 1，70,  2，25, 3，0)
.temp {deg}
.backanno
.end
```

　　此一 31 級的環形振盪器電路的模擬結果，如圖 4-15 所示。也列出此電路在圖 4-15(b) 最慢狀況與圖 4-15(c) 最快狀況的模擬結果，觀察 V(o1)、V(O2)、V(O3) 及 V(OSC) 的輸出波形，以及對應的 tosc 與 fosc 計算值。由圖 4-9(b) 所觀察最慢狀況的模擬結果，V(osc) 完整的週期，因為 .tran 1.5ns，只能觀察到四週期，因此 .meas TRAN Tosc TRIG v(osc31) VAL=2.5 RISE=4 TARG v(osc31) VAL=2.5 RISE=5 的條件設定，無法找到 tosc 與 fosc。 但是，在最快狀況的模擬，.tran 1.5ns 至少可以觀察如圖 4-9(c) 所觀察最快狀況的模擬結果，其可以看到七個週期以上的波形，所以 .meas 的敘述，可以找得到 tosc 與 fosc。

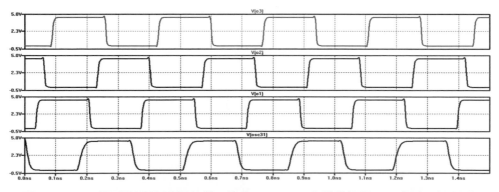

» **圖 4-15(b)**　典型狀況的模擬結果 (注意：V(osc) 完整的週期，只觀察到四週期)
(Permission by Analog Devices, Inc., copyright © 2018-2021)

Measurement： tosc

step	tosc	FROM	TO
1	0	1.20176e-009	0
2	2.36177e-010	8.30254e-010	1.06643e-009
3	1.78288e-010	6.24888e-010	8.03175e-010

Measurement： fosc

step	1/tosc
1	0
2	4.23411e+009
3	5.60891e+009

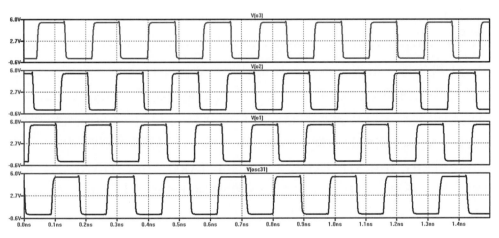

» 圖 **4-15(c)** 所觀察最快狀況的模擬結果
(Permission by Analog Devices, Inc., copyright © 2018-2021)

　　因此，將模擬的總時間修正為 .Tran 2.0ns，如圖 4-16(a) 31 級的環形振盪器電路所示，其模擬結果在最壞狀況的結果，已經包含有五個完整的振盪週期，所以，在找 RISE=4 與 RISE=5 的波形位置是可以確認並找得到的。

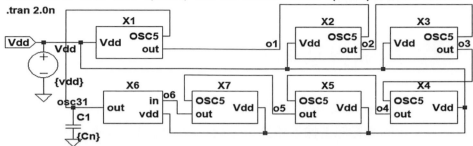

.ic v(osc31)=5
.meas TRAN fosc param 1/Tosc
.meas TRAN Tosc TRIG v(osc31) VAL=2.5 RISE=4 TARG v(osc31) VAL=2.5 RISE=5
.tran 2.0n

.model pfet pmos level=2 kp=40u
+ vto=-0.8 gamma=0.5 lambda=0.02 phi=0.6
+ delta=2.486 nfs=5.2e11
+ cj=1.75e-4 cjsw=2.3e-10 mj=.42 mjsw=.128
*
.model nfet nmos level=2 kp=120u
+ vto=0.8 gamma=0.4 lambda=0.01 phi=0.6
+ delta=2.486 nfs=5.2e11
+ cj=1.75e-4 cjsw=2.3e-10 mj=.42 mjsw=.128

.step param x list 1 2 3
.param vdd=table(x, 1,4.5, 2,5, 3,5.5)
.param cn= table(x, 1,4f, 2,2f, 3,1f)
.param deg=table(x, 1,70, 2,25, 3,0)
.temp {deg}

» 圖 4-16(a)　31 級的環形振盪器電路
(修改 .Tran 2.0ns) (Permission by Analog Devices, Inc., copyright © 2018-2021)

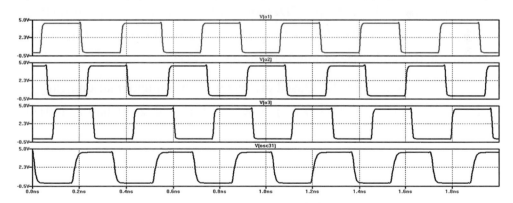

» 圖 4-16(b)　31 級的環形振盪器電路最壞狀況模擬結果
(Permission by Analog Devices, Inc., copyright © 2018-2021)

Measurement：tosc

step	tosc	FROM	TO
1	3.41572e-010	1.2073e-009	1.54887e-009
2	2.36084e-010	8.29961e-010	1.06604e-009
3	1.78176e-010	6.24865e-010	8.03042e-010

Measurement：fosc

step	1/tosc
1	2.92764e+009
2	4.23578e+009
3	5.61241e+009

4-6　結論與延伸閱讀資料

　　本章對於 LTspice 在時間領域的暫態或瞬態分析，做整體性的探討。在實體世界中，需考慮隨時間變化的激勵訊號輸入電路或系統，觀察輸出的響應。另外，在數位積體電路的設計，標準電路元庫的開發與特性分析，則特別重要。如何利用 .meas 的自動求取概念，需要下功夫學習。本章主要的延伸閱讀資料列於如後：

[1]　M. Gibiluka, M. T. Moreira, W. L. Neto and N. L. V. Calazans, "A standard cell characterization flow for non-standard voltage supplies，" 2016 29th Symposium on Integrated Circuits and Systems Design (SBCCI), Belo Horizonte, 2016, pp. 1-6, doi：10.1109/SBCCI.2016.7724046.

[2]　M. Naga Lavanya, M. Pradeep，"Design and Characterization of an ASIC Standard Cell Library Industry–Academia Chip Collaborative Project" Microelectronics, Electromagnetics and Telecommunications pp 807-815, 2018.

[3]　詹益治，"Research on ISFET Based pH-meter Chip Implementation using ASIC Design Methodology" 中原大學電子工程研究所碩士論文，Chap.2, 2001/06。

SPICE
之交流分析

　　本章對 MOS 元件的小訊號等效模型的建立，做整體性的探討。對於 LTspice 在類比子電路的交流頻率響應分析，也做進一步的說明。波德圖與頻率響應的應用，透過基礎 RC 電路與放大器的分析，使學習者可以活用 LTspice 在電路設計上的完整模擬與分析，包括電路的靜態點求取、直流掃描分析、動態時間領域與頻率領域的響應分析。

5-1　　AC 分析簡介

　　交流分析是 SPICE 軟體的另一重要功能，其可用於計算電路於某一頻寬之頻率響應。基本上，SPICE 利用 .AC 指令先計算出電路之直流偏壓點，然後再計算所有非線性元件 (如電晶體等) 的等效小訊號電路，而藉由這些線性化的小訊號等效電路於某一頻率中進行頻率響應分析。LTspice 的小訊號交流分析功能，主要是進行頻率函數的交流複變節點電壓的計算。就如上面的敘述，LTspice 先找出此電路的直流工作點，然後在此工作點下，找到所有非線性元件的線性化小訊號模型。最後，透過獨立電壓或電流源為激勵訊號，對於線性化的電路進行頻率領域變化的求解過程，而得到所需之輸出結果或增益。此類的交流分析，對於濾波器、電路與穩定度分析和雜訊的考量有很大的助益。首先，探討交流控制敘述。

交流分析 AC 之基本格式如下：

.AC <oct, dec, lin> <Nsteps> <StartFreq> <EndFreq>

其對應的使用如下：

.AC	DEC	PTS	FSTART	FSTOP
.AC	OUT	PTS	FSTART	FSTOP
.AC	LIN	PTS	FSTART	FSTOP

以上三個敘述，是交流分析的執行，頻率響應之頻寬先由設定 StartFreq/FSTART 開始到 EndFreq/FSTOP 截止，而其中點數 (Nsteps/PTS) 的指定，可以每十進制 (DEC) 或每八進制 (OCT) 多少點之對數座標分析，或是在頻寬中做線性頻掃描 (LIN)，此時，PTS 則為指定之線性等間隔的點數。一般而言，所分析之頻寬如很窄時，可用線性頻率；掃描如很寬的頻率範圍時，則可採用對數式之頻率掃描。

交流頻率響應分析，主要的目的是要得到電路指定輸出端點的大小 (magnitude) 或相位 (phase) 之變化。因此，交流分析的輸出變數帶有弦波性質，且以複數表示。而輸出可以強度大小、相位、波群延遲 (group delay)、實數部份及虛數部份表示，如下列之說明：

輸出變數 VX 或 IX，其中 X 為

M ：振幅大小

DB：以 20LOG M 表示之分貝值

P ：相位大小

G ：波群延遲 =phase/frequency

R ：實部

I ：虛部

實例 5-1

　　利用 LTspice 對圖 5-1 之電路作交流頻率分析。輸入電源 V1 為 AC 1V，頻率由 1 Hz 變化到 1 MEGHz，分析採每十進制 5 點之方式。求節點 n3 之相位與分貝大小變化。

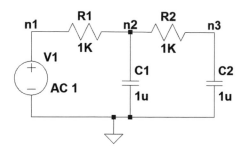

(a) RC 電路

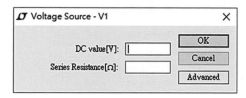

(b) V1 電源之設定

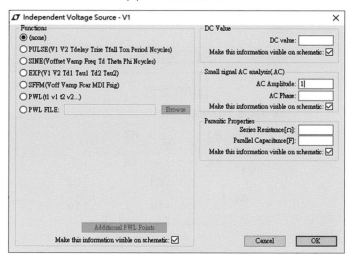

(c) 交流信號源輸入視窗

» 圖 5-1　交流頻率分析

(Permission by Analog Devices, Inc., copyright © 2018-2021)

針對如圖 5-1 (a)RC 電路，進行交流頻率響應分析，首先是點選如圖 5-1(b) 的獨立電壓源之 Advanced 後，可以進入到圖 5-1 (c) 交流信號源輸入視窗，最簡單的設定，就是給定 V1 電源的交流振幅 (AC Amplitude) 大小為 1，就完成電源輸入激勵訊號的設定。如圖 5-2 (a) 電源 AC 信號 (b).AC 設定，對於輸出變數擬觀察的頻率範圍與細節，則可以編輯 AC Analysis，在出現的工作視窗，設定 Decade 十進制的掃描，頻率由 1 Hz 變化到 1 MEGHz，分析採每十進制 5 點之方式執行。經設定後，將控制敘述 .ac dec 5 1 1MEG 放入電路圖工作視窗內，按 OK 與執行後，可以得到圖 5-3 輸出結果之頻率響應。

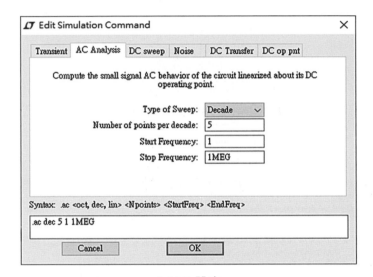

(a)AC 設定

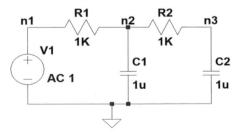

(b).AC 設定

» 圖 5-2　AC 設定

(Permission by Analog Devices, Inc., copyright © 2018-2021)

```
* C:\Program Files (x86)\LTC\LTspiceIV\Draft1.asc
V1 n1 0 AC 1
R1 n1 n2 1K
R2 n2 n3 1K
C1 n2 0 1u
C2 n3 0 1u
.ac dec 5 1 1MEG
.backanno
.end
```

輸出結果圖示 (Bode Plot)

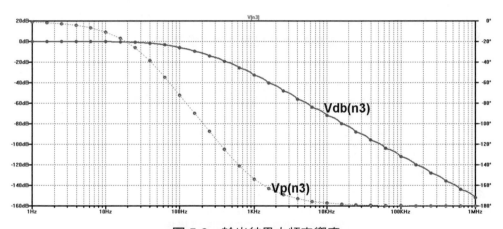

» 圖 5-3　輸出結果之頻率響應
(Permission by Analog Devices, Inc., copyright © 2018-2021)

5-2　放大器模型建置

　　電腦輔助電路模擬設計軟體 SPICE 的最完整應用，就是使用於本章的放大器電路設計。由於放大器是一核心的子電路，也是類比系統的基礎建構方塊。通常在開發放大器之前，通常會藉由放大器的巨觀模型 (Macro-model) 來了解放大器的電路特性或行為。放大器模型，如圖 5-4(a) 是由電壓控制電壓源構成的放大器模型，而其效能參數就是只有輸出對輸入的增益值 (gain) 的設定 (1E6)，圖 5-4(b) 是典型運算放大器的電路符號。

實例 5-2

　　由於交流分析主要是執行各種電路在頻率領域中之響應，通常類比電路都須了解其交流頻率響應特性，如頻寬、增益等。因此，如要了解 SPICE 的交流分析，透過放大器的巨模等效電路進行交流頻率響應，是最好的範例。基本上，可以先利用第二章所提過的電壓控制電流源進行模型的建立。如圖 5-4 與 5-5 為放大器的等效模型。[1-2]

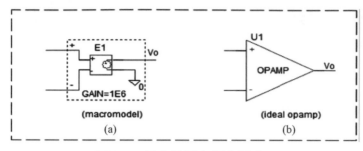

» 圖 5-4　輸出結果之頻率響應 [1]

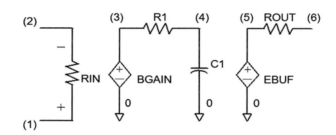

» 圖 5-5　適當之 OPAMP 巨模模型

　　如要模擬實際的頻率響應、輸出入阻抗的特質，圖 5-5 是一適當的巨模模型，其對應的元件數值與增益大小，如圖 5-6 的文字網表所描述。

```
* OPAMP MACRO MODEL, SINGLE-POLE
* connections:    non inverting input
*                 |   inverting input
*                 |   |   output
*                 |   |   |
.SUBCKT OPAMP1    1   2   6
* INPUT IMPEDANCE
RIN     1     2     10MEG
* GAIN BW PRODUCT = 10MHZ
* DC GAIN (100K) AND POLE 1 (100HZ)
EGAIN   3     0     1     2     100K
RP1     3     4     1k
CP1     4     0     1.5915uF
* OUTPUT BUFFER AND RESISTANCE
EBUFFER 5     0     4     0     1
ROUT    5     6     10
.ENDS
```

» 圖 5-6　實用之 OPAMP 模型文字網表

實例 5-3

　　利用圖 5-5 之 OPAMP 巨模模型的概念及 LTspice 完成一定值增益的閉迴路組態，其放大增益值為 -R2/R1。

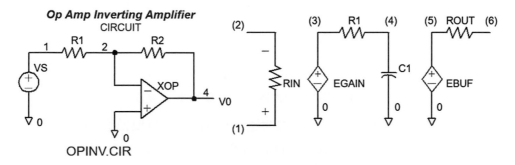

Op Amp Inverting Amplifier

» 圖 5-7　閉迴路放大器增益組態之建置

首先，圖 5-7 是利用 OPAMP 巨模模型所完成之一定值增益的閉迴路組態，其完整的 SPICE 文字網表，如圖 5-8 所示。

```
*OPINV.CIR - OPAMP INVERTING AMPLIFIER
VS 2      0     AC     1
XOP       0     2     6     OPAMP1
* OPAMP MACRO MODEL, SINGLE-POLE
* connections:        non-inverting input
*                     |   inverting input
*                     |   |   output
*                     |   |   |
.SUBCKT OPAMP1        1   2   6
* INPUT IMPEDANCE
RIN      1     2     10MEG
* GAIN BW PRODUCT = 10MHZ
* DC GAIN (100K) AND POLE 1 (100HZ)
EGAIN    3     0     1     2     100K
RP1      3     4     1k
CP1      4     0     1.5915uF
* OUTPUT BUFFER AND RESISTANCE
EBUFFER 5      0     4     0     1
ROUT     5     6     10
.ENDS
CLOAD    6     0     1pf
* ANALYSIS
.AC      DEC   5   0.1   10MEG
.save    AC v(*)  i(*)
.END
```

» **圖 5-8**　閉迴路放大器完整的 SPICE 文字網表

以下是利用 LTspice 的電路圖工作視窗建置 OPAMP 的巨模模型，如圖 5-9(a) 所示，再產生 OPAMP1 的子電路符號 (OPAM1.asy) 後，完成如圖 5-8(b) 的閉迴路定值增益的應用，並透過 .AC 的交流控制敘述及其對應的 SPICE 文字網表，可以得到如圖 5-10 的波德圖模擬結果。

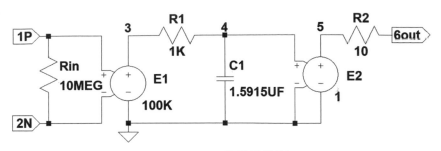

(a) OPAMP 的巨模模型

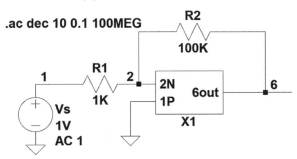

(b) 閉迴路定值增益應用電路

» 圖 5-9　電壓放大電路
(Permission by Analog Devices, Inc., copyright © 2018-2021)

```
* C:\Users\user\Documents\LTspice_Book\Book202002\exp5p2.asc
XX1 0 2 6 opamp1
R1 2 1 1K
R2 6 2 100K
Vs 1 0 1V AC 1


* block symbol definitions
.subckt opamp1 1P 2N 6out
E1 3 0 1P 2N 100K
Rin 1P 2N 10MEG
R1 4 3 1K
C1 4 0 1.5915UF
E2 5 0 4 0 1
R2 5 6out 10
```

```
.ends opamp1
.ac dec 10 0.1 100MEG
.backanno
.end
```

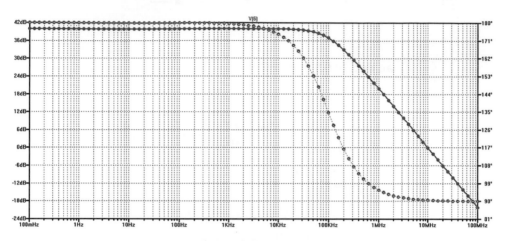

» 圖 5-10　運算放大器應用之波德圖模擬結果
(Permission by Analog Devices, Inc., copyright © 2018-2021)

5-3　小訊號模型與交流分析

　　MOSFET 電路的交流分析，首先需決定此電路的正確靜態工作點，再藉由此工作點的條件下，討論加於電晶體輸入端的小訊號，在建置的線性化小訊號等效模型下，觀察隨著頻率變化的交流響應。

　　首先，針對 NMOS 元件小訊號模型的建置進行探討，如圖 5-11(a) 所示，一 NMOS 元件在選定適當之工作點後，輸入 Vin1 的直流偏壓值為 0.8V、Vbs=0(無基體效應)、節點 out 的工作點為 2.5V(考量為 Vdd/2)，即可確定此元件之靜態點工作電流 Id=f(VGS，VDS，VBS)。

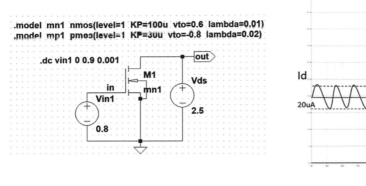
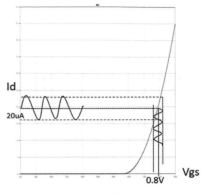

(a)NMOS 元件工作點設置　　　　　　　(b) 小訊號之處理

» 圖 5-11　工作點設置及小訊號處理

接著，要探討的是維持 MOSFET 元件在飽和區工作，輸入端加一小的交流訊號，其在輸出端電壓與電流的變化響應。如圖 5-11 (b) 所示，在 VGS=0.8V 的條件下，加入一小的弦態訊號，就會帶來在 out 的輸出端有 ⊿ Id 的電流的變化。如以小區域線性化的觀點，在Δ Id 的電流變化，可以底下的電流方程式的第一項來近似或求取：

$$\Delta Id = \frac{\partial Id}{\partial VGS} \Delta VGS_{|@VDS=const.,VBS=const.} + \frac{\partial Id}{\partial VDS} \Delta VDS_{|@VGS=const.,VBS=const.} \quad (5\text{-}1)$$

就如重疊定理的概念，對於影響 Id 的電流變化，如考量 VGS、VBS 不變，在輸出端 out 節點對應的 VDS，由於通道調變效應的因素，Id 非恆定的飽和電流值，也會隨著 Vds 的小量變化而有 ⊿ Id 的電流的變化，如式 (5-1) 的第二項貢獻所示。因此，在沒有基體效應的貢獻之下，整合輸入端的小訊號與輸出端的通道長度調變效應的貢獻，此總和的電流變化，就可以圖 5-13 之小訊號等效模型來表示。其中 gm 與 gds (=1/rds) 可以取代斜率因子 dId/dVGS 及 dId/dVDS。

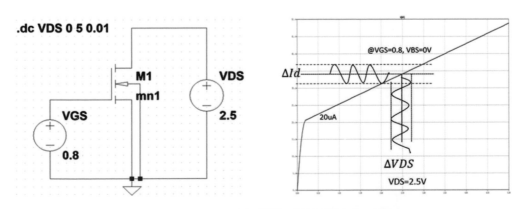

» 圖 5-12　通道長度調變效應訊號響應之處理

$$\Delta Id = \frac{\partial Id}{\partial VGS}\Delta VGS_{|@VDS=const.,VBS=const.} + \frac{\partial Id}{\partial VDS}\Delta VDS_{|@VGS=const.,VBS=const.}$$

$$id = gm.vin_{|@VDS=const.,VBS=const.} + \frac{vout}{rds}_{|@VGS=const.,VBS=const.}$$

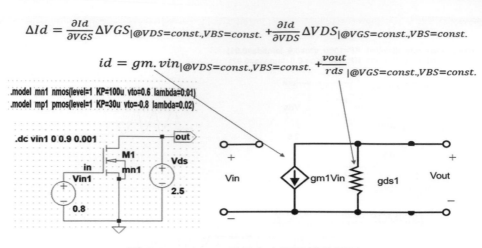

» **圖 5-13** NMOS 元件之小訊號等效模型

　　接著，針對如圖 5-14 (a) PMOS 元件討論其小訊號模型的建置。由於 PMOS 的源極是接在較高的電位，而閘極與汲極是處在較低或較負的電位，因此，實際的電流是由源極流經通道，再由汲極輸出端點流出，所以原始之小訊號模型，可以表示如圖 5-14 (b)，底端雖然放置的是源極 (Source)，但是其 Vsg、Vsd 都是正的，因此，電流 is (gm·vsg) 或 id 流出汲極端。

　　如果考量與 NMOS 小訊號模型的整合，等效模型 5-14 (b) 與 5-14 (c) 是一致的，因為將 vsg 反置為 vgs，包括受控電電流 gm·vsg 也換為 gm·vgs，方向相反，id 改為由 D 流向 S 端。如圖 5-14 (c) 所示，觀察其結果，與 NMOS 小訊號模型完全一致。這推導的結果，也簡化未來由 NMOS 與 PMOS 元件所構成電路的小訊號模型建置。

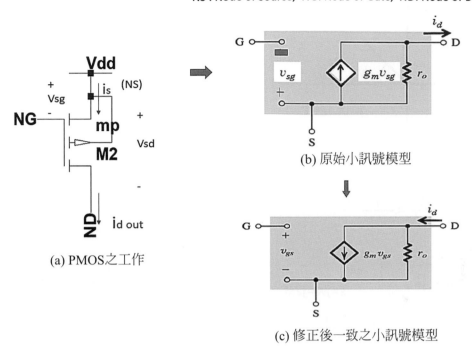

NS : Node of Source,　NG: Node of Gate,　ND: Node of Drain

(a) PMOS之工作

(b) 原始小訊號模型

(c) 修正後一致之小訊號模型

» 圖 5-14　PMOS 之工作與小訊號模型

5-4　波德圖與頻率響應分析

　　一般類比電路的頻率響應分析，主要是討論電路在複數平面，其輸出端與輸入電源之間所構成的轉換函數，可以複變數或相量 (phasor) 的方式來表達，如圖 5-15(a) 所示。由於相量可以分成大小與相角隨頻率變化的方式來表達。波德圖的使用與頻率響應分析，可以將複變數的量透過分離開的振幅 - 頻率響應圖與相位 - 頻率響應圖以進行交流訊號的頻率響應分析。

　　以圖 5-15(b) 單極點的 RC 電路來說明波德圖的使用與頻率響應分析。此電路以阻抗的方式，將電容 C 的貢獻以 1/sC 來表示。則節點 out 的電壓 Vout 與輸入的電源 Vin 所構成的轉換函數 Vout/Vin 可以推導成如圖 5-16 的結果。Vout/Vin 大小的求取，換成分貝 (dB) 的表示法，如圖 5-17(a) 所示，(b) 當 w=wo，代入 |Vout/Vin| 大小計算的關係式，其計算結果為 –3dB。

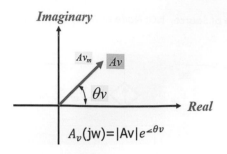

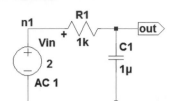

(a) 複數平面相量表示法　　　　(b) 單極點的 RC 電路

» 圖 **5-15**　單極點 RC 電路

$$\frac{V_{out}}{V_{in}} = \frac{\frac{1}{sC}}{R+\frac{1}{sC}} = \frac{1}{sCR+1}$$

$$= \frac{1}{s\tau+1} = \frac{1}{CR}\left[\frac{1}{s+\frac{1}{CR}}\right] = \frac{p}{s+P}$$

Where　$p = \frac{1}{CR}$　　　$s=jw=j2\pi f$

$$\left|\frac{V_{OUT}}{V_{IN}}\right| = \left|\frac{1}{sCR+1}\right| = \frac{1}{\sqrt{\omega^2 C^2 R^2+1}}$$

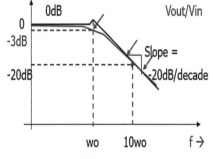

(a) 轉換函數 Vout/Vin 的推導　　(b) Vout/Vin 的近似計算

» 圖 **5-16**　單極點 RC 電路轉換函數求取 (1)

Magnitude in dB

$$\left|\frac{V_{OUT}}{V_{IN}}\right| = \left|\frac{1}{sCR+1}\right| = 20log_{10}\frac{1}{\sqrt{\omega^2 C^2 R^2+1}}$$

$$= 20log_{10}\frac{1}{\sqrt{\frac{\omega^2}{\omega_0^2}+1}}$$

$s=jw=j2\pi f$，If $\omega_0 = \frac{1}{C^2 R^2}$

If wo=w

$$\left|\frac{V_{OUT}}{V_{IN}}\right| = 20log_{10}\frac{1}{\sqrt{2}} = -3.01dB$$

(a) 轉換函數以 dB 方式推導　　　　　(b) 轉換函數大小求取

» 圖 **5-17**　單極點 RC 電路轉換函數求取 (2)

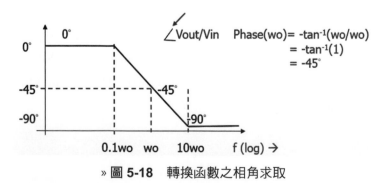

» 圖 **5-18**　轉換函數之相角求取

對於相角隨頻率變化的部分，可以由圖 5-18 所示的例子及相角的關係式 Phase(w) 可知，如果考量 w=wo 的頻率，就可以得到 Phase(wo)=-tan⁻¹(wo/wo)=-tan⁻¹(1)= –45°

因此，圖 5-15(b) 單極點的 RC 電路，以 LTspice 完成的交流頻率響應分析，其 SPICE 文字網表與波德圖的模擬結果，如圖 5-19 所示。

```
* C:\Users\user\Documents\
R1 n1 out 1k
C1 out 0 1μ
Vin n1 0 2 AC 1
.ac dec 5 0.1 100k
.backanno
.end
```

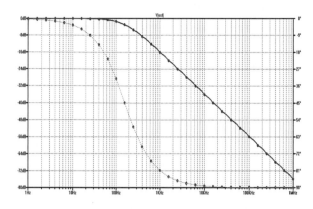

(a)SPICE 網表　　　　　(b) 波德圖轉換函數大小及相角之頻率響應圖

» 圖 5-19　波德圖頻率分析

5-5　AC 分析敘述與應用

在本章節，藉由一單級共源極反相放大器進行基礎設計的探討，也同時透過 AC 分析來驗證放大器的交流頻率響應。首先，如圖 5-20(a) 所示是一典型的共源極反相放大器，通常此組態，是用來建置二級轉導運算放大器的輸出級。共源極反相放大器的設計，首先須考量的是在輸出訊號的上下擺幅，需相等。因此，對於此電路，由於電源 Vdd=5V，在工作電流指定的條件下 (Id=20uA)，選定通道長度 (L=2μm) 與給定的 Vin，q=0.8V 與 Vbias=4V 的條件下，計算與選取所需的 N/PMOS 元件的 W/L 尺寸，會以 Vout，q=2.5V 為目標，利用飽和區電流的關係式，如計算式 (5-2) 與 (5-3)，可以得到 (W/L)pmos =63.5μm/2μm、(W/L)nmos=19.5125μ/2μ。對於 PMOS 的通道寬度 W=63.5μm，依佈局的對稱性與匹配考量，可以將 PMOS 的 W，改成 W=31.75μm m=2 的方式來呈現。透過 .op 的控制敘述，可以得到工作點的模擬結果。

$$I_{dm1} = 20\mu = \frac{1}{2}(100\mu)\frac{W_1}{2\mu}(0.8-0.6)^2(1+0.01\times2.5) \qquad (5-2)$$

$$I_{dm2} = -20\mu = -\frac{1}{2}(30\mu)\frac{W_2}{2\mu}(-1-(-0.8))^2(1+0.02\times|-2.5|) \qquad (5\text{-}3)$$

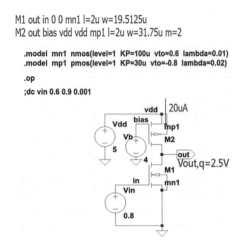

M1 out in 0 0 mn1 l=2u w=19.5125u
M2 out bias vdd vdd mp1 l=2u w=31.75u m=2

.model mn1 nmos(level=1 KP=100u vto=0.6 lambda=0.01)
.model mp1 pmos(level=1 KP=30u vto=-0.8 lambda=0.02)

.op
;dc vin 0.6 0.9 0.001

*C:\Program Files (x86)\LTC\LTspiceIV\Draft1.asc

--- Operating Point ---

V(out):	2.50381	voltage
V(in):	0.8	voltage
V(vdd):	5	voltage
V(bias):	4	voltage
Id(M2):	-2.0001le-005	device_current
Ig(M2):	0	device_current
Ib(M2):	5.01239e-012	device_current
Is(M2):	2.0001le-005	device_current
Id(M1):	2.0001le-005	device_current
Ig(M1):	0	device_current
Ib(M1):	-2.51381e-012	device_current
Is(M1):	-2.0001le-005	device_current
I(Vb):	0	device_current
I(Vdd):	-2.0001le-005	device_current
I(Vin):	0	device_current

» 圖 5-20 (a) 共源極反相放大器 (b).op 靜態工作點相關資訊
(Permission by Analog Devices, Inc., copyright © 2018-2021)

由圖 5-21 (a)SPICE_Error Log 的詳細資訊，驗證工作電流與有效的輸出擺幅 (Vomax-Vomin=4.6V)。另外，也看到小訊號等效模型的參數 (gm，gds 等)。小訊號等效模型的建置，可以由 NMOS(M1) 的小訊號模型開始，接著加入 PMOS(M2) 的小訊號模型，建置過程如圖 5-21 所示，由於此電晶體的源極接至 Vdd，沒有交流的變化量，所以訊號的建置，接至共同的參考地。另外，其閘極端，接至一定值的 Vbias，也是沒有交流的量。因此，此端點也是接至共同的參考地。所以，PMOS 小訊號模型的受控電流源，gm*vgs2=0。由於 S2 接在 VDD，以及 G2 接在 Vb1 都是定值，所以在建置過程，都可以接至共同參考的地，因此 S1、B1、S2、G2、B2 等於同一參考點。

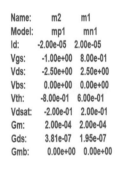

Name:	m2	m1
Model:	mp1	mn1
Id:	-2.00e-05	2.00e-05
Vgs:	-1.00e+00	8.00e-01
Vds:	-2.50e+00	2.50e+00
Vbs:	0.00e+00	0.00e+00
Vth:	-8.00e-01	6.00e-01
Vdsat:	-2.00e-01	2.00e-01
Gm:	2.00e-04	2.00e-04
Gds:	3.81e-07	1.95e-07
Gmb:	0.00e+00	0.00e+00

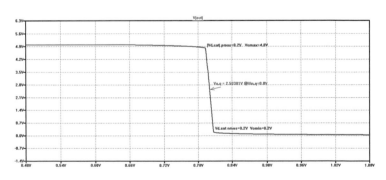

(a)SPICE_Error Log 詳細資訊   (b) .DC Vin 掃描結果

» 圖 5-21 反相放大器電壓曲線
(Permission by Analog Devices, Inc., copyright © 2018-2021)

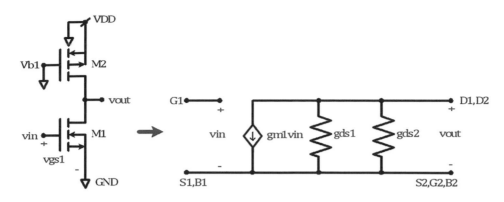

» **圖 5-22**　共源極反相放大器小訊號等效模型之建置

　　如圖 5-22 的等效模型，可以推導輸出對輸入的網路函數 vout/vin，其增益大小的部分，可以呈現為 -gm1/(gds1+gds2)，所以代入圖 5-21 (a) 的小訊號參數，可以得到為 -2.0e-04/((3.81+1.9)e-7=-347.22。此值，可以透過直流分析的 .TF v(vout) vin 來驗證。其結果與 SPICE 模擬相近，如下：

Transfer_function：	-347.162	transfer
vin#Input_impedance：	1e+020	impedance
output_impedance_at_V(out)：	1.73572e+006	impedance

　　如要利用 .AC 分析，則可以設定 vin 的 AC 輸入為 1，即 |Av(s)| = |Vout(s)/Vin(s)| = |Vout(s)/1|=|Vout(s)|，隨著頻率的掃描，每一指定的頻率，將輸入值定為 1，則只要觀察 v(out)，即是呈現增益值。

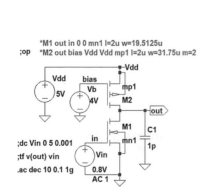

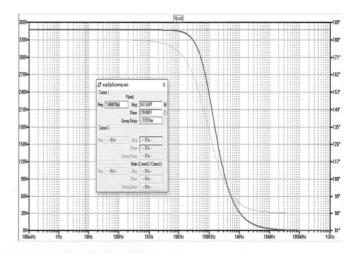

» **圖 5-23**　波德圖特性曲線

　　接著，可以進行的驗證，就是在節點 in 饋入一 sine 弦態的輸入小訊號，驗證增益為 347 倍時，在輸出端 v(out) 是否可以得到不失真的最大輸出。

SPICE 的 sine 輸入波形的語法描述如下：

Vxxx n+ n- SINE(Voffset Vamp Freq td df Phi Ncycles)

Voffset + Vamp* $e^{-(t-td)}$ *df * sin(2π Freq(t-td))

包含初始電壓／電流 (Voffset ／ Ioffset)、終值電壓／電流 (Vamp ／ Iamp)、頻率 (Freq)、延遲時間 (td)、阻泥因素 (df，in 1/sec) 及相位延遲 (Phi，in degrees)，即可寫成 SIN(Voffset Vamp Freq td df Phi)，如圖 5-24，Vs 輸入波形之說明。其中，等振幅的弦態波形，其 df=0，而有振幅衰減的波形，其 df↑0，由於阻尼因子的作用，隨著 time 的增加，弦態波形最後衰減至 0。

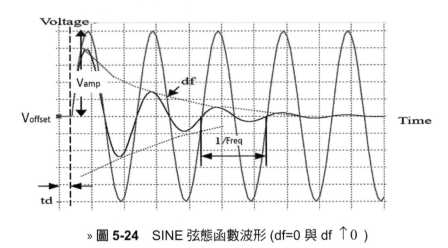

» **圖 5-24** SINE 弦態函數波形 (df=0 與 df↑0)

實例 5-4

如圖 5-25 所示，使用二個簡單的電阻電路，並觀察弦態波形在阻尼因子的有無 (VS：df=5e7 與 VS1；df=0)，所造成輸出端 V(n3) 與 V(n31) 的波形差異。

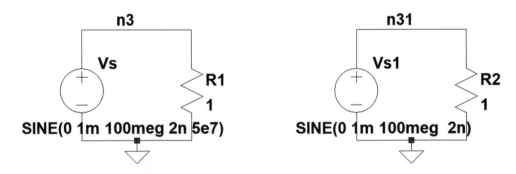

» **圖 5-25** 二個簡單的電阻電路，觀察弦態波形在阻尼因子的輸出響應
(Permission by Analog Devices, Inc., copyright © 2018-2021)

```
* C:\Program Files (x86)\LTC\LTspiceIV\Draft1.asc
Vs n3 0 SINE(0 1m 100meg 2n 5e7)
R1 n3 0 1
Vs1 n31 0 SINE(0 1m 100meg 2n)
R2 n31 0 1
.tran 50n
.backanno
.end
```

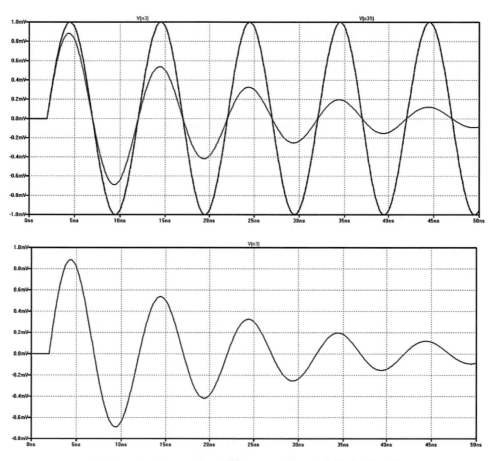

» 圖 **5-26**　弦態波形在阻尼因子的輸出響應 V(n3)、V(n31)
(Permission by Analog Devices, Inc., copyright © 2018-2021)

實例 5-5

　　嘗試使用上一範例的弦態波形說明，對圖 5-27 的共源極反相放大器，在考量輸出端 V(out) 不會產生失真波形，找出加到 Vin 的弦態波形所允許之最大振幅 =?

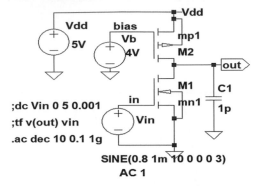

.model　mn1 nmos(level=1 kp=100u vto=0.6 lambda=0.01)
.model　mp1 pmos(level=1 kp=30u vto=-0.8 lambda=0.02)
　　　　*M1 out in 0 0 mn1 l=2u w=19.5125u
;op　*M2 out bias Vdd Vdd mp1 l=2u w=31.75u m=2

Vdd　bias
5V　Vb
4V　mp1
M2
out
M1
;dc Vin 0 5 0.001　in　mn1　C1
;tf v(out) vin　Vin　1p
.ac dec 10 0.1 1g
SINE(0.8 1m 10 0 0 3)
AC 1

» 圖 5-27　共源極反相放大器

　　由於圖 5-27 的 N/PMOS 的直流靜態偏壓，分別為 1V 與 4V，觀察其臨界電壓 (Vtn=0.6V，Vtp=-0.8V)，所以維持 N/PMOS 在飽和區的 Vdsat，nmos=0.8-0.6=0.2V、|Vdsat，pmos|=|4-5-(-0.8)|=0.2V。因此，此放大器在 Vout，q=2.5V 的條件下，往上與往下處理輸出訊號的擺幅範圍是 4.8-2.5=2.3V 或 2.5-0.2=2.3V，其上下擺幅是相等的。之前的 .TF 分析，其增益為 347。因此，其允許不失真的最大輸入振幅為 2.3/347=6.628mV。

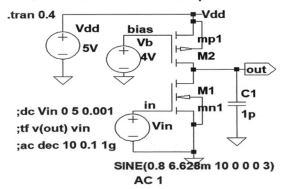

.model　mn1 nmos(level=1 kp=100u vto=0.6 lambda=0.01)
.model　mp1 pmos(level=1 kp=30u vto=-0.8 lambda=0.02)
　　　　*M1 out in 0 0 mn1 l=2u w=19.5125u
;op　*M2 out bias Vdd Vdd mp1 l=2u w=31.75u m=2

.tran 0.4　Vdd　bias　Vdd
5V　Vb
4V　mp1
M2
out
M1
;dc Vin 0 5 0.001　in　mn1　C1
;tf v(out) vin　Vin　1p
;ac dec 10 0.1 1g
SINE(0.8 6.628m 10 0 0 3)
AC 1

(a)　共源極反相放大器，弦態輸入振幅取 6.628mV

» 圖 5-28　共源極反相放大器

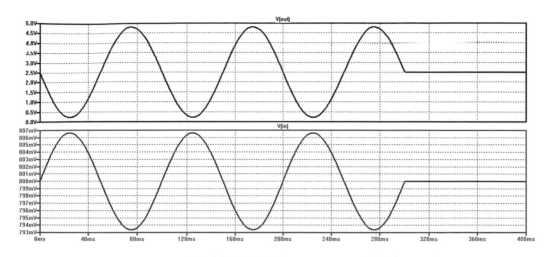

(b)　共源極反相放大器 V(in) V(out) 的結果

» 圖 5-28　共源極反相放大器 (續)

(Permission by Analog Devices, Inc., copyright © 2018-2021)

5-6　放大器交流分析範例

在本章節，將藉由一顆典型的二級轉導放大器，探討其在直流與交流效能參數的求取與分析。要得到這些效能參數，主要是由開迴路 (Open-loop) 與閉迴路 (Closed-loop) 二種測試組態來進行模擬。直流效能參數，主要有靜態功率耗損 (Static power dissipation)、輸出最大擺幅 (Output maximum swing)、輸入有效線性範圍 (Input linear range)、輸入抵補電壓 (Offset voltage)、直流低頻增益 (DC/low frequency gain) 等。而交流效能參數，其可以歸納為頻率領域與時間領域的效能參數。頻率領域的參數主要有低頻增益、f_3dB 頻率、單位增益頻率 (f_0dB)、相角裕度 (Phase margin) 等。在時間領域的參數，主要有最大輸出迴轉率 (Slew rate) 與安定時間 (Settling time)。以下，將針對這些參數作定義及探討，並說明其利用 SPICE 模擬求取的技巧。

首先，如圖 5-29 所示是一二級的運算轉導放大器，其主要是由一差分對 (Differential pair) 構成的輸入級，串接共源極反相放大器。另外、M7 及 M8 提供這二級放大器的工作電流；C1 則是提供穩定系統的米勒補償電容 (Miller capacitor)。在圖 5-29 的電路圖，可以仔細觀察級與第二級電晶體的尺寸與它們之間相對的比例是有關係的。討論如下：假設輸入對，M1 與 M2 的閘級提供一樣的偏壓 (Vin+=Vin-)，由於 M1 與 M2、M3 與 M4 尺寸相等，所以如 M5 流過的電流為 Is1，則流過 M1 與 M2 的電流會各分一半，並等於 Is1/2。接著，觀察 M6、M5、M8 是構成二組的電流鏡。而且流過 M8 的電流與 M5 的電流，會呈現 Is2/Is1= (W/L)m8/(W/L)m5。另一方面，M3

與 M4 構成一主動式負載，也是一電流鏡的組態，所以在平衡狀態底下，V(n4)=V(n3) 也帶來了 M9 與 M4 形成電流鏡的功能。所以，Im9/Im4=(W/L)m9/(W/L)m4=Is2/(Is1/2)。基於 Im8=Im9 的原則，必須達到的是 (WL)m9/(W/L)m4=2[(W/L)m8/(W/L)m5]。因此，只要調整 vbn 的偏壓，就可以達到 M8 供應的電流等於 M9 接收的電流；並且取得 V(out)=0 的平衡狀態。

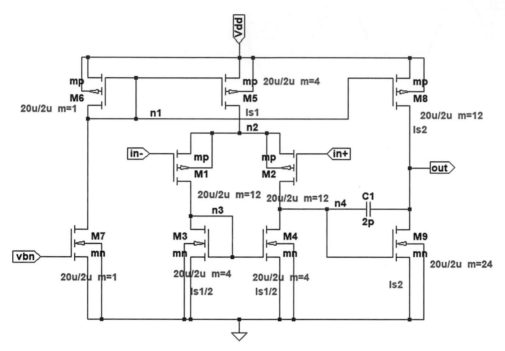

» 圖 5-29　典型之二級轉導放大器電路
(Permission by Analog Devices, Inc., copyright © 2018-2021)

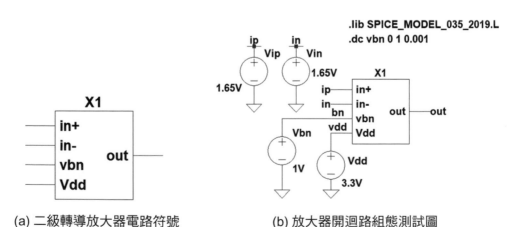

(a) 二級轉導放大器電路符號　　　　(b) 放大器開迴路組態測試圖

» 圖 5-30　二級轉導放大器
(Permission by Analog Devices, Inc., copyright © 2018-2021)

　　接著，可以透過 LTspice 將圖 5-29 二級轉導放大器電晶體電路 (Schematic)，建置其對應的符號圖 (Symbol)，如圖 5-30 (a) 所示。為了要尋求正確平衡的靜態點工作狀況，在電路圖產生的工作視窗中，產生一新的電路圖，呼叫此二級轉導放大器電路符號 (2staota1.asy)，當成一物件 (Object)，並加上對應的模型檔案 (.lib SPICE_MODEL_035_2019.L) 以及要在平衡態的各端點電壓 (Vdd、Vip、Vin、Vbn)。其中的 Vbn 需進行 .DC 的直流掃描，以找到適當的偏壓值，並得到 V(out)=0 的目標值。以下是此電路對應的 SPICE 網表，圖 5-31 則為透過 Vbn 電壓的掃描，找出適當的輸出靜態點，即 Vbn=772mV 時，可以得到 V(out)=0 的最佳靜態點。

```
*  C : \ U s e r s \ u s e r \ D o c u m e n t s \ L T s p i c e _ B o o k \
Book202002\2staoptaoploop.asc
XX1 ip in bn vdd out 2staota1
Vdd vdd 0 3.3V
Vbn bn 0 1V
Vip ip 0 1.65V
Vin in 0 1.65V
* block symbol definitions
.subckt 2staota1 in+ in- vbn Vdd out
M1 n3 in- n2 n2 mp l=2u w=20u m=12
M2 n4 in+ n2 n2 mp l=2u w=20u m=12
M3 n3 n3 0 0 mn l=2u w=20u m=4
M4 n4 n3 0 0 mn l=2u w=20u m=4
M5 n2 n1 Vdd Vdd mp l=2u w=20u m=4
M6 n1 n1 Vdd Vdd mp l=2u w=20u m=1
M7 n1 vbn 0 0 mn l=2u w=20u m=1
M8 out n1 Vdd Vdd mp l=2u w=20u m=12
M9 out n4 0 0 mn l=2u w=20u m=24
C1 out n4 2p
.ends 2staota1
.end
```

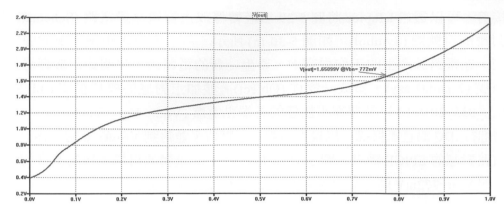

» **圖 5-31** Vbn 電壓掃描與輸出靜態點之決定
(Permission by Analog Devices, Inc., copyright © 2018-2021)

在確定 Vbn=772mV 的正確工作點後，可以藉由 (1).OP 的控制敘述，得到模擬結果資訊，如圖 5-32 所示，V(out)=1.65099V，此值已經非常接近 Vdd/2=3.3/2=1.65V。藉由功率耗損的 .meas 自動量測控制敘述： .meas op Power_Dissipation(Watt) param 3.3*abs(i(Vdd))，其結果為 power_ dissipation (watt)： 3.3*abs(i(vdd))=0.00232746=2.3275mWatt。

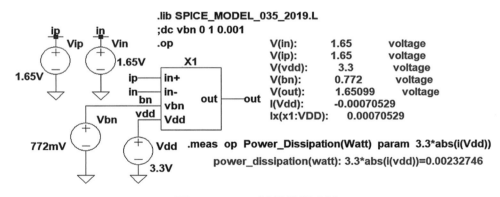

» **圖 5-32** .OP 靜態模擬分析

其次，可以進行 in+ 端 (2)Vip 的掃描分析，由於 Vin 是接一 1.65V 的靜態偏壓。因此，直流掃描 Vip，也等同掃描輸入的差分訊號，dVip=Vip-Vin。其結果如圖 5-33 及圖 5-34 所示。圖 5-34 針對具有線性增益的區域放大結果。也可以算出直流增益： Av = dVout/dVip = (2.81439-0.00268)/0.2 (V/mV) =12.925V/mV 或是 Av=12925。接著，從這電壓轉換曲線 (V(out)vs.Vip)，可以得到 Voutswing, max=2.81439-0.00268=2.81171V；Vinput, linear = 1.6501-1.6499=0.2mV。

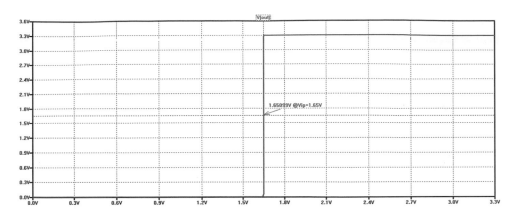

» 圖 **5-33**　放大器電壓轉換曲線
(Permission by Analog Devices, Inc., copyright © 2018-2021)

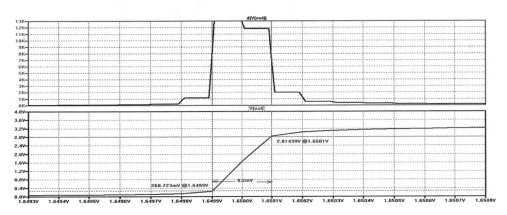

» 圖 **5-34**　放大器線性增益放大圖
(Permission by Analog Devices, Inc., copyright © 2018-2021)

　　其次，可以使用直流分析的下一個指令 .TF 進行此放大器從 V(out) 到 Vip 的轉換函數所推導的電壓增益、輸入及輸出阻抗值的自動計算。 如圖 5-35(a)，選擇 Simulation 的圖示，選擇 DC Transfer，鍵入 V(out) 於 Output 中、Vip 於 Source 中，即透過 .tf V(out) Vip 的控制敘述，可以得到的模擬結果，共有三項資訊，其為 Transfer_function：15679.9, vip# Input_impedance：1e+020, output_impedance_at_V(out)：26200.1。此值，較之前使用的斜率計算值，得到更大與更精確的增益值，此值可以透過開迴路組態之交流頻率響應驗證。

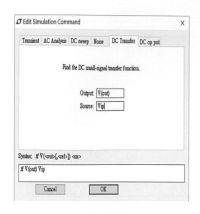

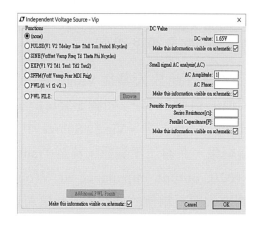

(a).tf 的設定

(b) 模擬結果

» **圖 5-35**　放大器分析

(Permission by Analog Devices, Inc., copyright © 2018-2021)

　　再往下，仍然使用開迴路的測試組態，進行交流頻率響應分析，在 Vip 的電源，點選 Advanced 後，進入如圖 5-36 的視窗，鍵入 AC Amplitude：1，則可以進行以波德圖呈現的頻率響應。模擬結果如圖 5-37(a) 及 (b) 所示。此範例所示的 f_0dB 對應的相角為 –147.237°，也就是相角與度為 (–147.237° –(–180°))=32.763°。所以，在補償電容 C1=2pF 之下，其相角裕度小於 45°，需再加大 C1 值，當 C1=5pF 時，其相角裕度已經增加至 58.3°，以達到放大器的穩定所需。這穩定度的部分，可以由以下所探討的閉迴路單位增益組態來驗證。

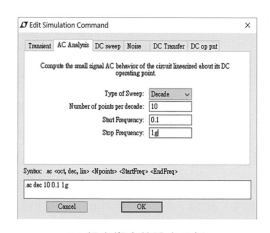

(a) 模擬設定視窗

(b) 頻率響應的設定分析

» **圖 5-36**　放大器分析設定

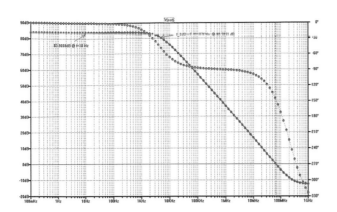

» 圖 5-37　(a) 頻率響應 (b) f_0dB 頻率與對應之相角
(Permission by Analog Devices, Inc., copyright © 2018-2021)

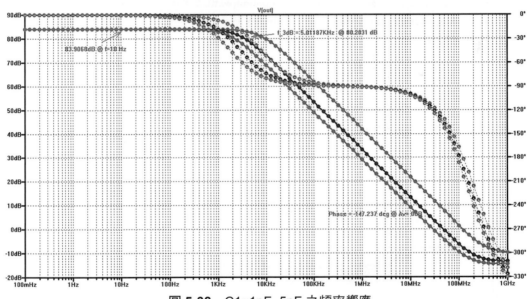

» 圖 5-38　C1=1pF~5pF 之頻率響應

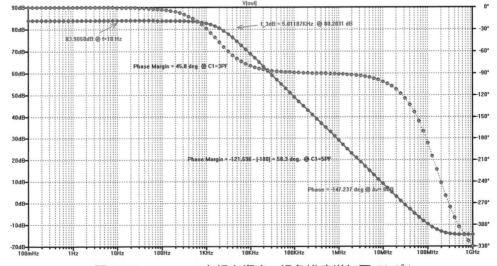

» 圖 5-39　C1=5pF 之頻率響應 (相角裕度增加至 58.3°)
(Permission by Analog Devices, Inc., copyright © 2018-2021)

接著，進行閉迴路單位增益的組態，如圖 5-40 所示，此組態可以量測放大器在時間領域的動態參數，包含有最大輸出迴轉率 (Slew rate) 與安定時間 (Settling time)。其中，最大輸出回轉率是放大器的大訊號特性參數，由於其測試訊號是大訊號 (2V 的脈波振幅)，因此在測試的瞬間，部分電晶體會工作在非飽和區，由於閉迴路的接法，這些電晶體會慢慢回復至飽和區，所以在輸出的響應，就會呈現如圖 5-41(a) 與 (b) 的結果。其中，圖 5-41(a) 所示為補償電容 C1=1pF，其相角裕度小於 45°，因此其輸出電壓呈現震盪的波形。而圖 5-41(b) 和 (c) 所示為補償電容 C1=5pF，其相角裕度大於 45°，也可以藉由此模擬結果，找出其最大輸出迴轉率為 26.157V/μs。

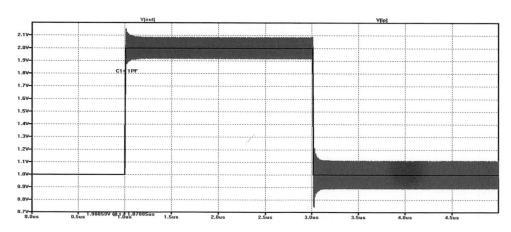

» **圖 5-40** 閉迴路單位增益組態

(a) C1=1pF (Permission by Analog Devices, Inc., copyright © 2018-2021)

» **圖 5-41** 補償電容模擬結果

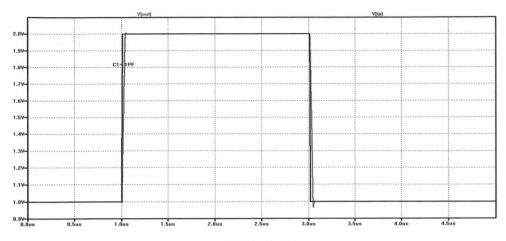

(b) C1=5pF

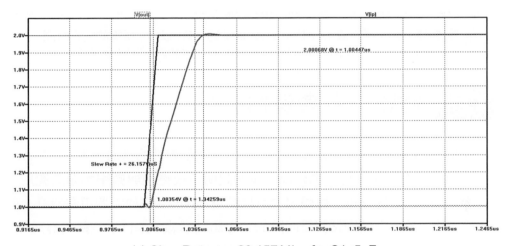

(c) Slew Rate + = 26.157 V/us for C1=5pF

» 圖 **5-41**　補償電容模擬結果（續）
(Permission by Analog Devices, Inc., copyright © 2018-2021)

　　最後，要量測安定時間 (Settling time)，其基本定義如圖 5-42 所示，即安定時間是在步階輸入後，輸出到達最終值，且誤差 (e.g. 1% or 0.1%) 可維持在一定範圍內的所需時間 [Ref]。由圖 5-43 所示，從輸入步階訊號的開始，到輸出 V(out) 到達一穩定值 1.60199V(~1% 以內) 所需的安定時間為 0.075us。

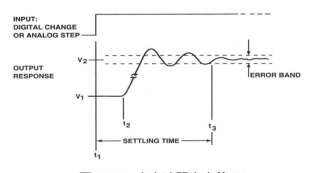

» 圖 **5-42**　安定時間之定義 [3]

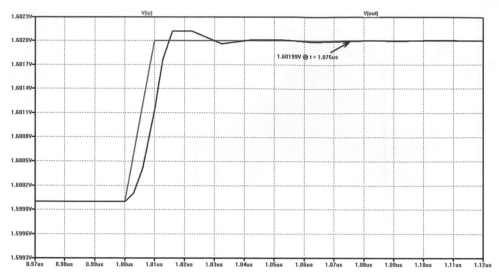

» 圖 5-43　達一穩定值 1.60199V(1.6020V 約 ~1% 以內) 所需的安定時間
(Permission by Analog Devices, Inc., copyright © 2018-2021)

5-7　結論與參考資料

　　本章對 MOS 元件的小訊號等效模型的建立，做整體性的探討。對於 LTspice 在類比子電路的交流頻率響應分析，也做進一步的說明。波德圖與頻率響應的應用，透過基礎 RC 電路與放大器的分析，使學習者可以活用 LTspice 在放大器電路設計上的完整模擬與分析，利用放大器開回路與避回路的二種測試組態，進行了電路的靜態點求取、直流掃描分析、動態時間領域與頻率領域的響應分析。本章主要的延伸閱讀資料列如後：

[1] Raymond S. Winton, *CIRCUITS, DEVICES, NETWORKS AND MICRO-ELECTRONICS*, electronic version, Mississippi State University, August 2014.

[2] Macro model of OP Amp，https：//www.ti.com/lit/an/sboa027/sboa027.pdf

[3] Microchip's Op Amp SPICE Macro Models，http：//ww1.microchip.com/downloads/en/AppNotes/01297a.pdf

[4] 清華大學開放式課程 [控制系統一] 第七講，波德圖範例，http：//ocw.nthu.edu.tw/ocw/index.php?page=chapter&cid=133&chid=1592

核心電路之 SPICE 分析與探討

6

學習大綱

　　本章主要是基於前面學習之直流、暫態與交流分析基礎，繼續利用 LTspice 進行實際之數位與類比子電路分析討論。包括非重疊二相時脈產生器、類比式比較器、電流鏡、偏壓電路及帶隙參考電路、9-bit 數位類比轉換器等核心電路的學習。這些電路的解析，對於混合訊號積體電路的設計，會有幫助。

6-1　非重疊二相時脈產生器

　　非重疊二相時脈產生器是在低功耗電路常用的電路方塊。其基本特性，可以如圖 6-1(a) 與 (b) 的說明。圖 6-1(a) 說明非重疊二相時脈產生器的概念，其是透過一時脈產生器 CLK，產生二個新的時脈信號源 PHI_1 與 PHI_2 輸出，且這二個時脈在脈寬為 HIGH 的區域，並不重疊，而產生出二不重疊區域的時間參數 Ts1 及 Ts2。其核心的電路，可以如圖 6-1(b) 的數位電路來實現。

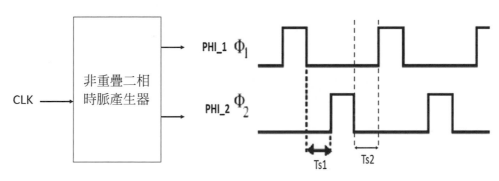

(a) 基本概念

» **圖 6-1**　非重疊二相時脈產生器

W/L in um,　INVA : X1,　　INVB : X3, X4, X7, X8,　　　INVC : X5, X9,　　NAND : X2, X6

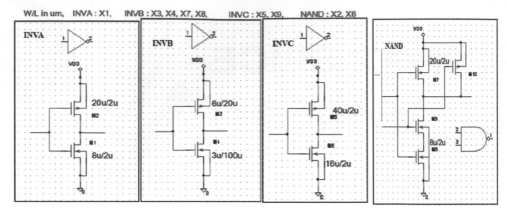

(b) 數位電器

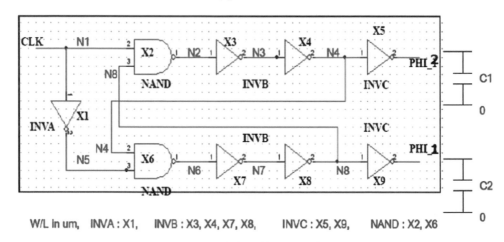

W/L in um,　INVA : X1,　　INVB : X3, X4, X7, X8,　　　INVC : X5, X9,　　NAND : X2, X6

(c) 子電路及其 W/L 尺寸

» **圖 6-1**　非重疊二相時脈產生器 (續)

　　如圖 6-1(c) 所示之子電路及其 W/L 尺寸，這個電路是由二組，各為三個反相器及一個 NAND 閘所構成。INVA 擺置在輸入級，是擁有正常尺寸的 P/N MOSFET，是將訊號反相的功能。INVB 是長通道尺寸的元件，會形成主動電阻與擔任延遲元件的功能，藉著等效 RC 充放電時間常數增大，時間延遲也會增加，可加大訊號的延遲。INVC 放置在輸出級，可以發現元件的 W 比正常尺寸略大，目的是 讓輸出的驅動電流及能力提高。

　　圖 6-2 是經由層次化概念建置的非重疊二相時脈產生器及其對應之 SPICE 文字網表，模擬結果則如圖 6-3 所示，藉由 .meas 控制敘述指令與 .STEP 及三個工作參數 (Vdd、deg、Cn) 變化的執行結果。

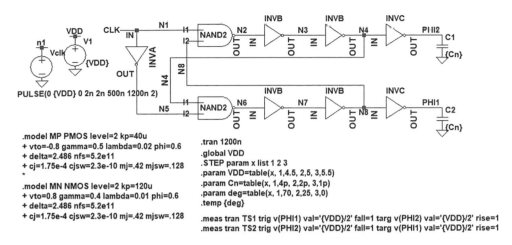

.model MP PMOS level=2 kp=40u
+ vto=-0.8 gamma=0.5 lambda=0.02 phi=0.6
+ delta=2.486 nfs=5.2e11
+ cj=1.75e-4 cjsw=2.3e-10 mj=.42 mjsw=.128
*
.model MN NMOS level=2 kp=120u
+ vto=0.8 gamma=0.4 lambda=0.01 phi=0.6
+ delta=2.486 nfs=5.2e11
+ cj=1.75e-4 cjsw=2.3e-10 mj=.42 mjsw=.128

.tran 1200n
.global VDD
.STEP param x list 1 2 3
.param VDD=table(x, 1,4.5, 2,5, 3,5.5)
.param Cn=table(x, 1,4p, 2,2p, 3,1p)
.param deg=table(x, 1,70, 2,25, 3,0)
.temp {deg}

.meas tran TS1 trig v(PHI1) val='{VDD}/2' fall=1 targ v(PHI2) val='{VDD}/2' rise=1
.meas tran TS2 trig v(PHI2) val='{VDD}/2' fall=1 targ v(PHI1) val='{VDD}/2' rise=1

» 圖 6-2　非重疊二相時脈產生器電路圖
(Permission by Analog Devices, Inc., copyright © 2018-2021)

```
*Non Overlapping 2-Phase Clock Generator*
XX1 N1 N5 inva
XX2 N1 N8 N2 nand
XX3 N4 N5 N6 nand
XX4 N2 N3 invb
XX5 N3 N4 invb
XX6 N6 N7 invb
XX7 N7 N8 invb
XX8 N4 PHI_2 invc
XX9 N8 PHI_1 invc
C1 PHI_2 0 {cn}
C2 PHI_1 0 {cn}
Vclk N1 0 PULSE(0 {Vdd} 0.2u 2n 2n 498n 1200n)
Vdd Vdd 0 {Vdd}
* block symbol definitions
.subckt inva in out
M1 out in 0 0 mn l=2u w=8u
M2 out in Vdd Vdd mp l=2u w=20u
.ends inva
```

```
.subckt nand in1 in2 out
M9 out in2 N001 0 mn l=2u w=8u
M8 N001 in1 0 0 mn l=2u w=8u
M7 out in1 Vdd Vdd mp l=2u w=20u
M10 out in2 Vdd Vdd mp l=2u w=20u
.ends nand
.subckt invb in out
M4 out in 0 0 NMOS l=100u w=3u
M3 out in Vdd Vdd PMOS l=20u w=6u
.ends invb
.subckt invc in out
M5 out in Vdd Vdd PMOS l=2u w=40u
M6 out in 0 0 NMOS l=2u w=16u
.ends invc
.model mp pmos(level=2 Vto=-1 Kp=2e-5 Gamma=0.35
+ Phi=0.65 Tox=0.1u Nfs=1e10 Delta=1 Cj=2e-4 Mj=0.5 Cjsw=1e-9)
.model mn nmos(level=2 Vto=1 Kp=6e-5 Gamma=0.35
+ Phi=0.65 Tox=0.1u  Nfs=1e10 Delta=1 Cj=2e-4 Mj=0.5 Cjsw=1e-9)
.tran 2400n
.global Vdd
.step param x list 1 2 3
.param vdd=table(x, 1'4.5, 2'5, 3'5.5)
.param cn=table(x, 1'4p, 2'2p, 3'1p)
.param deg=table(x, 1'70, 2'25, 3'0)
.temp {deg}
.meas tran Ts1 trig v(phi_1)='{Vdd}/2' fall=1
+ targ v(phi_2)='{Vdd}/2' rise=1
.meas tran Ts2 trig v(phi_2)='{Vdd}/2' fall=1
+ targ v(phi_1)='{Vdd}/2' rise=1
.end
```

　　圖 6-3(a) 所示為非重疊二相時脈產生器模擬結果，由原始 CLK 時脈訊號 V(n1) 的提供與來自另一支延遲電路提供的回授訊號 V(n8) 匯入 NAND2 的數位閘 V(n2)，再透過提供延遲的二串接 INVB 與加大驅動能力的 INVC，可以得到 V(phi2) 訊號，其與另一支的 V(phi1) 輸出訊號，就構成一非重疊二相時脈產生器。對於非重疊區間時間參數 ts1 與 ts2 的求取結果，呈現於圖 6-3(b) 的三種狀況 (Slow、Typical、Fast) 及表 6-1。所以、LTspic e 的控制敘述也可以提供很方便及快速的求解。

表 6-1　非重疊區間時間參數 ts1 與 ts2 自動量測結果

非重疊區間 時間參數	Slow(Vdd=4.5、 Temp=70°C、Cload=4P)	Typical(Vdd=5.0、 Temp=25°C、Cload=2P)	Fast(Vdd=5.5、 Temp=0°C、Cload=1P)
Ts1	66.34 ns	34.69 ns	22.28 ns
Ts2	64.89 ns	33.64 ns	21.43 ns

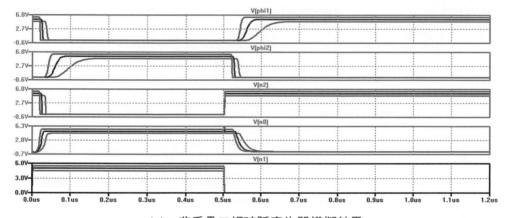

(a)　非重疊二相時脈產生器模擬結果

(b)　非重疊二相時脈產生器 ts1 及 ts2 模擬結果

» **圖 6-3**　模擬結果

(Permission by Analog Devices, Inc., copyright © 2018-2021)

6-2　類比式比較器之分析

　　類比式比較器通常使用在類比數位轉換器或數位類比轉換器的設計中，其基本架構可以使用一常用的二階轉導放大器建置，如圖 6-4 所示。

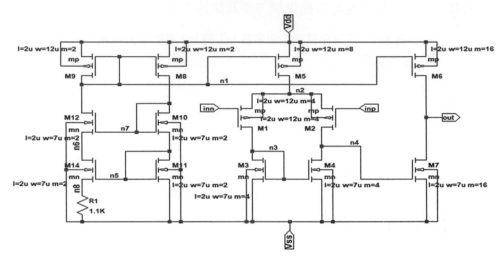

» 圖 6-4　常見之 CMOS 類比式比較器電路
(Permission by Analog Devices, Inc., copyright © 2018-2021)

實例 6-1

　　執行泛用式比較器的模擬，利用 LTspice 及過驅動電壓從 5mV 到 40mV(即 5mV，10mV、20mV、40mV) 的變化以測量其輸出響應時間參數 tplh。

　　比較器最重要的特性探討是量測其在過驅動電壓 (Overdrive voltage) 輸入下，輸出響應的延遲時間參數模擬。以下，如圖 6-5(a) 所示，是基本的比較器測試組態；圖 6-5(b) 及 (c) 所示，則為進行過驅動電壓的二種測試組態以得到輸出端 t_{PLH} 與 t_{PHL} 測試組態。根據圖 6-5(a) 與 (b) 的提示，先完成圖 6-5(b) 的輸出端 t_{PLH} 參數的自動量測。

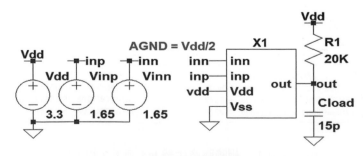

(a) 比較器測試組態

» 圖 6-5　比較器
(Permission by Analog Devices, Inc., copyright © 2018-2021)

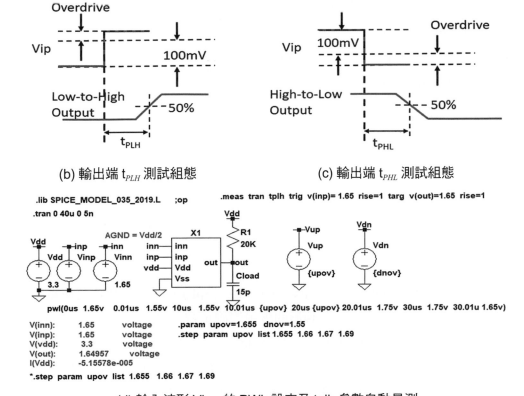

(b) 輸出端 t_{PLH} 測試組態　　　　　(c) 輸出端 t_{PHL} 測試組態

(d) 輸入波形 Vinp 的 PWL 設定及 tplh 參數自動量測

» **圖 6-5**　比較器（續）

(Permission by Analog Devices, Inc., copyright © 2018-2021)

　　圖 6-6 是 LTspice 模擬的結果，以下是透過四種過驅動電壓訊號 5mV、10mV、20mV、40mV 所得到 V(out) 的響應：tplh 如表 6-2 的結果。至於，如圖 6-5(c) 輸出端 t_{PHL} 測試組態，則留待讀者自行完成。

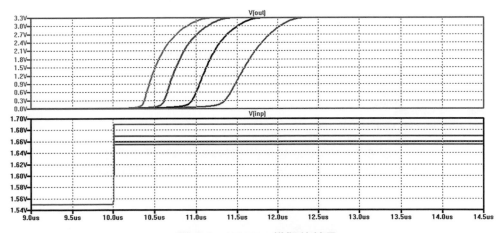

» **圖 6-6**　LTspice 模擬的結果

(Permission by Analog Devices, Inc., copyright © 2018-2021)

表 6-2 不同過驅動電壓，得到 tplh 的結果 (1.5mV，2.10mV，3.20mV，4.40mV)

Measurement： tplh

step	tplh	FROM	TO
1	1.61069e-006	1.00095e-005	1.16202e-005
2	1.13709e-006	1.00091e-005	1.11462e-005
3	7.70302e-007	1.00083e-005	1.07786e-005
4	5.23171e-007	1.00071e-005	1.05303e-005

實例 6-2

對於固定的過驅動電壓 (例如 5mV，Cload = 15pF)，探討響應時間與電源電壓變化 (例如 3V 至 3.6V) 的仿真。並對圖形曲線中的測量數據進行後處理。

首先，先完成電源 Vdd 參數化的設定 {Vdd}，以及完成 .meas 自動量測控制敘述，對 tplh 與 tphl 的參數模擬撰寫。對於 tphl 的求取，指定在 tdelay=29μs，開始鎖定觀察之觸發點與目標點，.meas tran tphl trig v(inp)= 1.70 fall=1 td=29μ targ v(out)=1.70 fall=1 td=29μ，就能順利地在正確的區間完成這些參數的測試。其結果，如圖 6-8 與表 6-2。

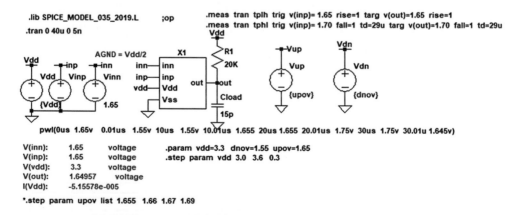

» **圖 6-7** 10%Vdd 變化對比較器輸出端響應之模擬
(Permission by Analog Devices, Inc., copyright © 2018-2021)

```
* C:\Users\user\Documents\LTspice_Book\Book202002\comptest.asc
XX1 inn inp vdd 0 out 2stacomp
Vinp inp 0 pwl(0us 1.65v 0.01us 1.55v 10us 1.55v 10.01us 1.655
20us 1.655 20.01us 1.75v 30us 1.75v 30.01u 1.645v)
Vinn inn 0 1.65
Vdd Vdd 0 {Vdd}
Cload out 0 15p
R1 Vdd out 20K
Vup Vup 0 {upov}
Vdn Vdn 0 {dnov}
* block symbol definitions
.subckt 2stacomp inn inp Vdd Vss out
M1 n3 inn n2 n2 mp l=2u w=12u m=4
M2 n4 inp n2 n2 mp l=2u w=12u m=4
M3 n3 n3 Vss Vss mn l=2u w=7u m=4
M4 n4 n3 Vss Vss mn l=2u w=7u m=4
M5 n2 n1 Vdd Vdd mp l=2u w=12u m=8
M6 out n1 Vdd Vdd mp l=2u w=12u m=16
M7 out n4 Vss Vss mn l=2u w=7u m=16
M11 n5 n5 Vss Vss mn l=2u w=7u m=2
M14 n6 n5 n8 Vss mn l=2u w=7u m=2
R1 n8 Vss 1.1K
M8 n7 n1 Vdd Vdd mp l=2u w=12u m=2
M9 n1 n1 Vdd Vdd mp l=2u w=12u m=2
M10 n7 n7 n5 Vss mn l=2u w=7u m=2
M12 n1 n7 n6 Vss mn l=2u w=7u m=2
.ends 2stacomp
.lib SPICE_MODEL_035_2019.L
; op
* V(inn):          1.65          voltage\nV(inp):          1.65
voltage\nV(vdd):          3.3          voltage\nV(out):
1.64957          voltage\nI(Vdd):          -5.15578e-005
* AGND = Vdd/2
*.step param upov list 1.655 1.66 1.67 1.69
```

```
.tran 0 40u 0 5n
.param  vdd=3.3   dnov=1.55  upov=1.65
.step  param  vdd  3.0   3.6   0.3
.meas  tran  tplh  trig v(inp)= 1.65  rise=1  targ  v(out)=1.65
rise=1
.meas  tran  tphl  trig  v(inp)= 1.70  fall=1  td=29u  targ
v(out)=1.70  fall=1  td=29u
.end
```

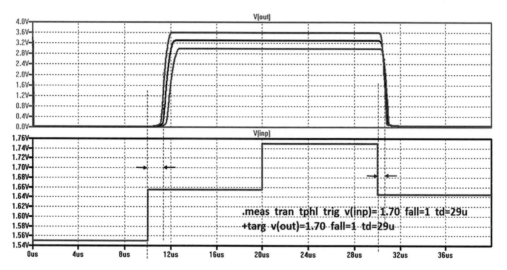

» 圖 **6-8**　10%Vdd 變化對比較器輸出端響應之模擬結果
(Permission by Analog Devices, Inc., copyright © 2018-2021)

表 6-3 tplh 與 tphl 的結果列表 (1.3V，2. 3.3V，3. 3.6V)

Measurement： tplh

step	tplh	FROM	TO
1	1.97373e-006	1.00095e-005	1.19833e-005
2	1.61069e-006	1.00095e-005	1.16202e-005
3	1.37019e-006	1.00095e-005	1.13797e-005

Measurement： tphl

step	tphl	FROM	TO
1	7.32070e-007	3.00048e-005	3.07368e-005
2	6.55307e-007	3.00048e-005	3.06601e-005
3	6.06575e-007	3.00048e-005	3.06113e-005

實例 6-3

對於上述比較器之 OTA 組態，求取其正和負的壓擺率參數。

通常，比較器的大信號特性對於 A／D 轉換器的應用也很重要，因此對於上述之 OTA 組態，可以進行正和負的壓擺率參數的模擬。

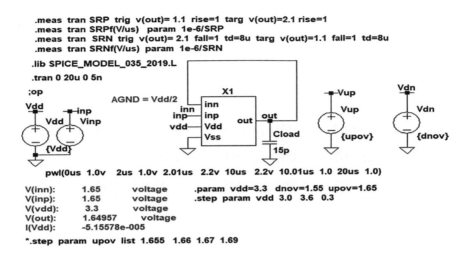

(a) 正和負的壓擺率參數模擬測試組態

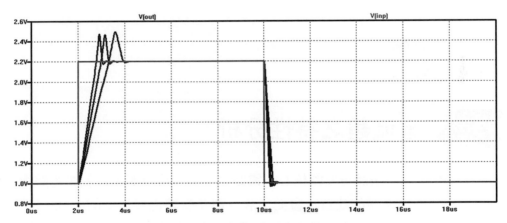

(b) 正和負的壓擺率參數模擬測試結果

» **圖 6-9　正和負的壓擺率參數**

(Permission by Analog Devices, Inc., copyright © 2018-2021)

表 6-4 正和負的壓擺率參數模擬測試結果列表 (1.3V，2. 3.3V，3. 3.6V)

Measurement： srp (Slew Rate Positive)

step	srp	FROM	TO
1	1.06240e-006	2.14825e-006	3.21065e-006
2	7.97480e-007	2.11635e-006	2.91383e-006
3	6.32586e-007	2.09573e-006	2.72832e-006

Measurement： srpf(v/us)

step	1e-6/srp
1	0.941264
2	1.25395
3	1.58081

Measurement： srn (Slew Rate Negative)

step	srn	FROM	TO
1	2.86278e-007	1.00562e-005	1.03424e-005
2	2.28462e-007	1.00465e-005	1.0275e-005
3	1.88194e-007	1.00399e-005	1.02281e-005

Measurement： srnf(v/us)

step	1e-6/srn
1	3.49311
2	4.37709
3	5.31368

6-3　電流鏡之特性分析

　　電流鏡是類比電路設計重要的核心子電路之一，其可以應用於偏壓電路與放大器主動負載等。通常電流鏡的建置，會從了解一顆二極體連接形式的 MOSFET 元件的特性著手。如圖 6-9(a) 所示為一由 NMOS 構成之簡易型的電流鏡。首先，將左邊的 M1，單獨以二極體連接的組態，進行如 M3 電晶體的使用探討。可以執行 Vout 的直流掃描，由圖 6-9(a) 可以看到電流鏡的輸出端 Vout 與電流 Id2 之間的關係。而 Id3 的電流響應也可以反應 Vgs3 跨壓間的關係。對於電流鏡的特性，基本上在意的效能是 Iref、Iout、Ro 等參數。通常，電流鏡的應用，是假設所有的電晶體工作在飽和區。因此，如不考量通道長度調變效應 (Lambda=0)，原始的飽和電流公式 (6-1) 可以簡化為式 (6-2)、(6-3)，並得到輸出的電流 Io = (W2/W1)*Iref，如式 (6-4) 所示。

圖 6-10(b) NMOS 構成之簡易型的電流鏡模擬結果，如考量 Iref=100μA，利用所提供的 SPICE 模型參數，可以求取 V_{gs1} 或 V_{gs3} 的跨壓值。

$$100\mu A = \frac{1}{2}K_p\frac{W3}{2\mu}(V_{gs3} - 0.8)^2\left(1 + 0.01(V_{gs3})\right)$$

計算結果為 V_{gs3}=1.5018V ～ 1.502V。此結果與圖 6-9(b) 的模擬結果相符合。

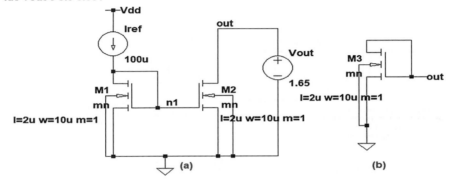

(a) NMOS 構成之簡易型的電流鏡

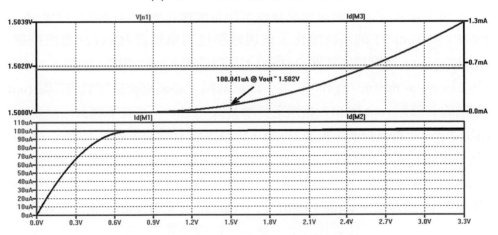

(b)　NMOS 構成之簡易型電流鏡模擬結果

》**圖 6-10**　NMOS 構成簡易型電流鏡
(Permission by Analog Devices, Inc., copyright © 2018-2021)

接著，要進行的是二種典型的電流鏡效能參數模擬比較，主要的效能參數共三項：(1) 精確度 (Accuracy) (%) = (|Iout – Iref|/Iref)*100%，(2) 輸出阻抗 (Rout) = dIout/dVout，(3) 輸出端須維持的最小電壓 (Vomin，維持所有 MOSFET 工作在飽和區的最小 Vdsat 電壓值)。

實例 6-4

對於圖 6-11 所示之簡易型及疊接型的電流鏡組態，進行上述所提之三項效能參數模擬。

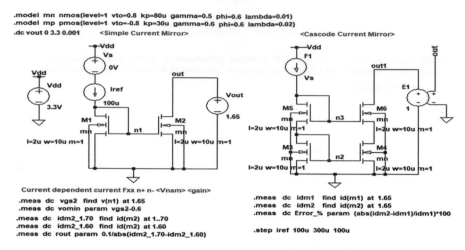

» 圖 **6-11** NMOS 構成之簡易型及疊接型的電流鏡組態
(Permission by Analog Devices, Inc., copyright © 2018-2021)

首先，為了要同步控制簡易型及疊接型的電流鏡組態可以同時進行模擬，包含個別的 Iref/IF1 與 Vout/E1 的同時變化，使用電壓控制電壓源 (Exx) 及電流控制電流源 (Fxx)。在 LTspice，電壓控制電壓源 (Exx)，可以選取 e 元件符號，如圖 6-12(a) 所示，其格式為 Exx n+ n- nc+ nc- <gain>，其中四個端點，必須連結被控制的二端 (out1 與 0) 及主控制端的二節點 (out 與 0)，並指定其增益值 <gain>。在文字網表，呈現 E1 out1 0 out 0 1 的設定。而電流控制電流源 (Fxx)，可以選取 f1 元件符號，如圖 6-12(b) 所示，其格式為 Fxx n+ n- <Vnam> <gain>，其中 <Vname> 須為一參考之電壓源 (此處選其值為 0V 的 Vs 參考電源) 所流過的電流，即簡易型電流鏡之 Iref。當抓取元件符號時，需進行如圖 6-13 的設定。Value F 改成 Vs，Value2 填入 1(gain)。在文字網表，會呈現 F1 Vdd n3 Vs 1 的設定。其完整的文字網表，也列於其下，提供電路圖與文字網表之間的對照說明。

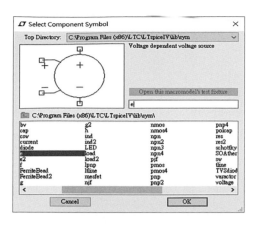 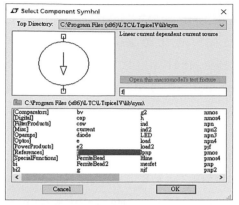

(a) 電壓控制電壓源 (Exx)　　　　(b) 電流控制電流源 (Fxx)

» **圖 6-12**　電路建置流程
(Permission by Analog Devices, Inc., copyright © 2018-2021)

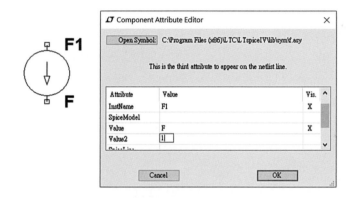

» **圖 6-13**　電流控制電流源 (Fxx) 的設定
(Permission by Analog Devices, Inc., copyright © 2018-2021)

接著，藉由圖 6-11 電流鏡的組態，得到如圖 6-14 的模擬結果，將針對三項效能參數進行自動量測 .meas 敘述的撰寫。

(1) 藉由指定 V(out)=1.65V，尋找 V(n1) (即 Vgs1) 後，可計算 Vgs1-Vto 而得到 Vomin。

(2) 其次，於 V(out)=1.65V 下，記錄 id(m1) 與 id(m2) 值，存於 idm1(Iref) 及 idm2(Io)，就可以進行精確度誤差值 (Error_%) 的計算，(abs(idm2-idm1)/idm1)*100，以函數 abs 的方式計算，不會呈現負值的結果。

(3) 最後，選擇在 V(out)=1.65V 的參考點下，選擇 V(out)=1.7V 與 V(out)=1.6V 記錄其對應的 idm2_1.70 與 idm2_1.60，並進行參數化 param 的數學運算 0.1/abs(idm2_1.70-idm2_1.60) 得到 Ro=d(Vout)/d(Idm2) 的求取。

```
* C：\Users\user\Documents\LTspice_Book\Book202002\cumirror2.asc
M1 n1 n1 0 0 mn l=2u w=10u m=1
Iref N001 n1 100u
M2 out n1 0 0 mn l=2u w=10u m=1
Vout out 0 1.65
Vdd Vdd 0 3.3V
M3 n2 n2 0 0 mn l=2u w=10u m=1
M4 N002 n2 0 0 mn l=2u w=10u m=1
M5 n3 n3 n2 0 mn l=2u w=10u m=1
M6 out1 n3 N002 0 mn l=2u w=10u m=1
E1 out1 0 out 0 1
* Voltage dependent voltage Exx n+ n- nc+  nc- <gain>
F1 Vdd n3 Vs 1
* Current dependent current Fxx n+ n- <Vnam> <gain>
Vs Vdd N001 0V
.model  mn  nmos(level=1  vto=0.8  kp=80u  gamma=0.5  phi=0.6
lambda=0.01)
.model  mp  pmos(level=1  vto=-0.8  kp=30u  gamma=0.6  phi=0.6
lambda=0.02)
.dc vout 0 3.3 0.001
.meas  dc  vgs2   find  v(n1)  at 1.65
.meas  dc  vomin  param  vgs2-0.6
.step  iref  100u  300u  100u
.meas  dc  idm2_1.70   find  id(m2)  at 1.70
.meas  dc  idm2_1.60   find  id(m2)  at 1.60
.meas  dc  rout  param  0.1/abs(idm2_1.70-idm2_1.60)
.meas  dc  idm1   find  id(m1)  at  1.65
.meas  dc  idm2   find  id(m2)  at  1.65
.meas  dc  Error_%  param  (abs(idm2-idm1)/idm1)*100
.end
```

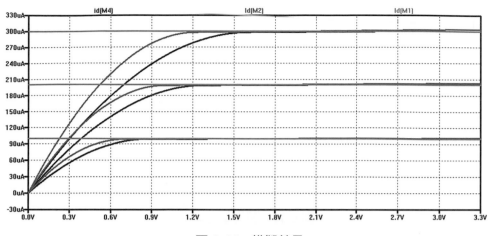

» 圖 6-14　模擬結果
(Permission by Analog Devices, Inc., copyright © 2018-2021)

表 6-5　電流鏡效能參數測試結果列表 (Iref=100μA，200μA，300μA)

Iref	Vgs2 @Vout=1.65V	(a) Vomin	idm2_1.70	idm2_1.60	(b) Rout (Ohms)
100μA	1.50186V	0.901856V	100.195μA	100.097μA	1.01506MEG
200μA	1.79116V	1.19116V	199.821μA	199.624μA	508.958K
300μA	2.01260V	1.41260V	298.787μA	298.787μA	340.061K

Iref	Idm1@Vout=1.65V	Idm2@Vout=1.65V	(c)Error_%
100μA	100μA	100.146μA	0.145956
200μA	200μA	199.723μA	0.138680
300μA	300μA	298.934μA	0.355455

6-4　偏壓電路及帶隙參考電路分析

　　本節所要探討的是在一顆晶片，提供各個電路方塊所需的穩定偏置電壓 (Bias voltage) 或電流的設計，如圖 6-15(a) 所示的說明，參考偏置電壓與電流產生器 (Reference generator) 通常用來提供各個關鍵子電路如放大器、濾波器或數位類比轉換器所需的穩定電壓準位或電流。而穩定電壓或電流主要是指這些電源不太會受到電路所處工作溫度與電源變化的影響。對於這些電路的效能評估，通常會以對電源變化或溫度變化的靈敏度 (Sensitivity) 來討論。說明如下：

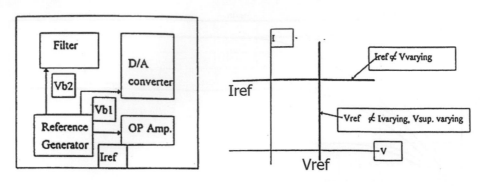

(a) 偏置電路   (b) 穩定偏置電壓或電流特性

» 圖 **6-15** 　偏置電路與特性

$$\text{電源電壓靈敏度 (S)} \rightarrow \begin{cases} \text{Vref} \\ S \\ \text{Vdd} \end{cases} = \dfrac{\dfrac{\Delta \text{Vref}}{\text{Vref}}}{\dfrac{\Delta \text{Vdd}}{\text{Vdd}}} \tag{6-1}$$

$$\text{溫度靈敏度} \left(\text{T.C.F} \right) \rightarrow \text{T.C.F} = \frac{1}{\text{Vref}} \times \frac{V_{\text{refmax}} - V_{\text{refmin}}}{\text{Temp}_{\text{max}} - \text{Temp}_{\text{min}}} \tag{6-2}$$

如公式 (6-1) 電源電壓靈敏度的定義，考量的是當供應電壓源 (Vdd) 有多少的變化量，如 ± 10%Vdd 的變化，其會帶來目標偏置電壓準位 (Vref) 的變化量，此二種變化的比值就是電源電壓的靈敏度。公式 (6-2) 溫度靈敏度，基本上也是由公式 (6-1) 演化而來，只是將溫度靈敏度常規化，改成以溫度係數的方式來呈現，其單位則為 (ppm/°C)。此處的 Vref 也可以 Iref 來取代。

$$\text{T.C.F.} = \frac{1}{\text{Temp}} \begin{cases} \text{Vref} \\ S \\ \text{Temp} \end{cases} = \frac{1}{\text{Temp}} \left(\dfrac{\dfrac{\Delta \text{Vref}}{\text{Vref}}}{\dfrac{\Delta \text{Temp}}{\text{Temp}}} \right) = \frac{1}{\text{Vref}} \left(\frac{\Delta \text{Vref}}{\Delta \text{Temp}} \right) \tag{6-3}$$

⬡─• 6-4-1　偏壓電路分析

接著，先進行在電路設計過程，可能採用的偏壓電路設計，藉由圖 6-16(A) ～ (E) 的偏壓電路組態，來設計與分析這些電路的在電源電壓與工作溫度變化的穩壓效能。

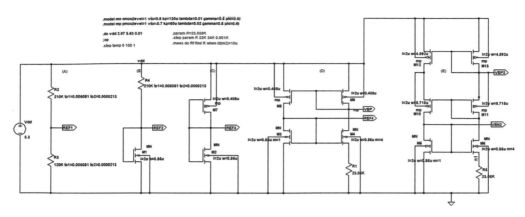

» 圖 6-16　(A) ～ (E) 常用的偏壓電路組態
(Permission by Analog Devices, Inc., copyright © 2018-2021)

首先，將利用手計算方式，完成此五種偏壓電路的 T.C.F 及 S (V_{REF1}、V_{REF2}、V_{REF3}、V_{REF4}、V_{BN2}、V_{BP2}、(V_{DD}–V_{BP2})) 的計算，再經由 LTspice 的模擬，列表比較此五種偏壓電路，其 T.C.F. (溫度靈敏度) 及 S(電壓靈敏度) 的效能，做討論。其設計目標訂在 V_{REF1}=V_{REF2}=V_{REF3}=V_{REF4}=V_{BN2}= V_{BP} =1.2V，V_{BP2}=2.2V， 或 Vdd–V_{BP} =2.1V，Vdd–V_{BP2}=1.1V。Iop=10uA

圖 6-16(A) 是由二個電阻 R2、R3 串聯的分壓器，選擇 210K 及 120K 就可以得到 10μA 與輸出 V_{REF1}=1.2V 的目標。觀察其電壓靈敏度 S：

$$\begin{cases} Vref1 \\ S \\ Vdd \end{cases} = \frac{\dfrac{\Delta Vref1}{Vref1}}{\dfrac{\Delta Vdd}{Vdd}} = \frac{\dfrac{1.32-1.2}{1.2}}{\dfrac{0.33}{3.3}} = 1$$ 。即此種偏壓電路極易受 Vdd 的影響 (100%)。

圖 6-16(B) 是嘗試用一主動元件 (二極體連接形式的 NMOS) 取代 R3 電阻，以達到與電阻 R2 串聯的分壓器，仍保持 Iop=10uA 與飽和區工作的原則，同時考量圖 6-16(B)~(E) 電路中的 NMOS：

已知 K_N =130μ　λ_N = 0.01　V_{TN} = 0.6V　V_{DS} = 1.2V　V_{GS} = 1.2V　L = 2μm ，利用飽和區的電流方程式：

$$I_D = \frac{1}{2} K_N \frac{W}{L} \left(V_{GS} - V_{TH}\right)^2 \left(1 + \lambda V_{DS}\right)$$

$$10\mu A = \frac{1}{2} \times 130\mu \times \frac{W_1}{2\mu} (1.2 - 0.6)^2 \times (1 + 0.01 \times 1.2)$$

$$W_1 = W_2 = W_3 = W_4 = W_5 = W_6$$

$$= \frac{10\mu \times 2 \times 2\mu}{(0.6)^2 \times (1.012) \times 130\mu} = \frac{4\mu}{4.73616} = 0.85\text{um}$$

接著考量 PMOS 的尺寸求取，

已知 $K_P = 50\mu$　$\lambda_P = 0.02$　$V_{TP} = -0.7V$　$V_{DS} = -2.1V$　$V_{GS} = -2.1V$　$L = 2\mu m$，電路圖 (C) 與 (D) 的 PMOS，也是考量其工作在飽和區：

$$I_D = -\frac{1}{2} K_P \frac{W}{L} (V_{GS} - V_{TH})^2 (1 + \lambda \,|\, V_{DS} |)$$

$$-10\mu A = -\frac{1}{2} \times 50\mu \times \frac{W_8}{2\mu} (-2.1 - (-0.7))^2 \times (1 + 0.02 \times 2.1)$$

$$W_7 = W_8 = W_9 = \frac{10\mu \times 2 \times 2\mu}{(1.4)^2 \times (1.042) \times 30\mu} = \frac{4\mu}{10.2116} = 0.408\mu m$$

最後，是在電路圖 6-16(E) 有四顆 PMOS，M10~M13，由於其 VGS=VDS 跨壓不同，需分成二次的計算，

已知 $K_P = 50\mu$　$\lambda_P = 0.02$　$V_{TP} = -0.7V$　$V_{DS} = -1.1V$　$V_{GS} = -1.1V$　$L = 2\mu m$

$$-10\mu A = -\frac{1}{2} \times 50\mu \times \frac{W_{12}}{2\mu} (-1.1 - (-0.7))^2 \times (1 + 0.02 \times 1.1)$$

$$W_{12} = W_{13} = \frac{10\mu \times 2 \times 2\mu}{(0.4)^2 \times (1.022) \times 50\mu} = \frac{4\mu}{0.8176} = 4.892\mu m$$

已知 $K_P = 50\mu$　$\lambda_P = 0.02$　$V_{TP} = -0.7V$　$V_{DS} = -1V$　$V_{GS} = -1V$　$L = 2\mu m$

$$-10\mu A = -\frac{1}{2} \times 50\mu \times \frac{W_{12}}{2\mu} (-1 - (-0.7))^2 \times (1 + 0.02 \times 1)$$

$$W_{10} = W_{11} = \frac{10\mu \times 2 \times 2\mu}{(0.3)^2 \times (1.02) \times 50\mu} = \frac{4\mu}{0.459} = 8.715\mu m$$

為了求取適當之 R1 與 R5 值，可以給予電阻一掃描空間，並利用 .meas 自動量測的敘述如下，可以得到 R1=R5=23.05K。

.step param R 22K 24K 0.001K

.meas dc Rf find R when id(m2)=10u

其次，進行整個電路的 LTspice 模擬，如圖 6-17 採取約 ± 10%Vdd 的變化，觀察其對各電路偏壓效能影響。

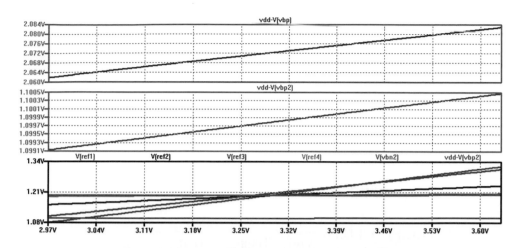

V_{REF2} 電壓靈敏度：

$$
\begin{cases}
Vref2 \\
S \\
Vdd
\end{cases}
= \dfrac{\dfrac{\Delta Vref2}{Vref2}}{\dfrac{\Delta Vdd}{Vdd}} = \dfrac{\dfrac{1.23816-1.19832}{1.19832}}{\dfrac{0.33}{3.3}} = 0.332
$$

V_{REF3} 電壓靈敏度：

$$
\begin{cases}
Vref3 \\
S \\
Vdd
\end{cases}
= \dfrac{\dfrac{\Delta Vref3}{Vref3}}{\dfrac{\Delta Vdd}{Vdd}} = \dfrac{\dfrac{1.30821-1.20719}{1.20719}}{\dfrac{0.33}{3.3}} = 0.837
$$

V_{REF4} 電壓靈敏度：

$$
\begin{cases}
Vref4 \\
S \\
Vdd
\end{cases}
= \dfrac{\dfrac{\Delta Vref4}{Vref4}}{\dfrac{\Delta Vdd}{Vdd}} = \dfrac{\dfrac{1.2048-1.19836}{1.19836}}{\dfrac{0.33}{3.3}} = 0.054
$$

V_{BN2} 電壓靈敏度：

$$
\begin{cases}
Vbn2 \\
S \\
Vdd
\end{cases}
= \dfrac{\dfrac{\Delta Vbn2}{Vbn2}}{\dfrac{\Delta Vdd}{Vdd}} = \dfrac{\dfrac{1.19878-1.19777}{1.19777}}{\dfrac{0.33}{3.3}} = 0.0084
$$

V_{BP2} 電壓靈敏度：

$$
\begin{cases}
Vbp2 \\
S \\
Vdd
\end{cases}
= \dfrac{\dfrac{\Delta Vbp2}{Vbp2}}{\dfrac{\Delta Vdd}{Vdd}} = \dfrac{\dfrac{2.52952-2.2002}{2.2002}}{\dfrac{0.33}{3.3}} = 1.497
$$

V_{DD}-V_{BP2} 電壓靈敏度：

$$\begin{cases} Vdd\text{ - }Vbp2 \\ \quad S \\ \quad Vdd \end{cases} = \frac{\dfrac{\Delta(Vdd-Vbp2)}{(vdd-vbp2)}}{\dfrac{\Delta Vdd}{Vdd}} = \frac{\dfrac{1.10048-1.0998}{1.0998}}{\dfrac{0.33}{3.3}} = 0.00613$$

對於 V_{BP2} 電壓靈敏度或 $V_{DD}-V_{BP2}$ 電壓靈敏度的討論，需要使用的是在固定電流下，PMOS 電晶體的跨壓 $|V_{DS}|$ 或 $|V_{GS}|$，所以應該使用的是 $V_{DD}-V_{BP2}$ 的跨壓。相較於 V_{BP2} 電壓靈敏度，$V_{DD}-V_{BP2}$ 的電壓靈敏度也非常小。

溫度靈敏度 (T.C.F) $\rightarrow$ T.C.F$= \dfrac{1}{Vref} \times \dfrac{V_{refmax}-V_{refmin}}{Temp_{max}-Temp_{min}}$

V_{REF1} 溫度靈敏度：

$$T.C.F(Vref1) = \frac{1}{1.2} \times \frac{1.2-1.2}{100-0} = 0$$

V_{REF2} 溫度靈敏度：

$$T.C.F(Vref2) = \frac{1}{1.19832} \times \frac{1.06506-1.23493}{100-0} = -1417.5\text{ppm}/°C$$

V_{REF3} 溫度靈敏度：

$$T.C.F(Vref3) = \frac{1}{1.20719} \times \frac{1.16223-1.22281}{100-0} = -501.8\text{ppm}/°C$$

V_{REF4} 溫度靈敏度：

$$T.C.F(Vref4) = \frac{1}{1.19836} \times \frac{1.26577-1.17143}{100-0} = 787.2\text{ppm}/°C$$

V_{BN2} 溫度靈敏度：

$$T.C.F(Vbn2) = \frac{1}{1.19777} \times \frac{1.27533-1.16841}{100-0} = 892.6\text{ppm}/°C$$

V_{BP2} 溫度靈敏度：

$$T.C.F(Vbp2) = \frac{1}{2.2002} \times \frac{2.2127-2.19787}{100-0} = 67.4\text{ppm}/°C$$

V_{DD}-V_{BP2} 溫度靈敏度：

$$T.C.F(Vdd-Vbp2) = \frac{1}{1.0998} \times \frac{1.0873-1.10213}{100-0} = -134.8\text{ppm}/°C$$

　　將上述五種偏壓電路的電源電壓靈敏度與溫度靈敏度整理如下表 6-6，大部分的電路組態，有可接受的電源電壓靈敏度，但溫度靈敏度仍是過大。因此，於下一章節，將討論帶隙參考電路，以得到最好的效能。

表 6-6

	V_{REF1}	V_{REF2}	V_{REF3}	V_{REF4}	V_{BN2}	V_{BP2}	$V_{DD}-V_{BP2}$
S	1	0.332	0.837	0.054	0.0084	1.497	0.00613
T.C.F (ppm/℃)	0	−1417.5	−501.8	787.2	892.6	67.4	−134.8

6-4-2　帶隙參考電路分析

　　帶隙參考電路有非常低的溫度係數，而且其對電源電壓的變化沒有很大的影響。因此，一般的類比晶片幾乎都有此電路方塊。

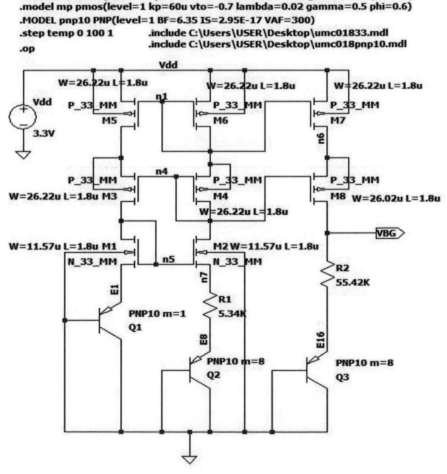

» 圖 6-18　典型的帶隙參考電路
(Permission by Analog Devices, Inc., copyright © 2018-2021)

典型的帶隙參考電路如圖 6-18 所示，此組態稱為無放大器 (Opless) 的架構，其是靠疊接的電流鏡來維持各分支具相同的工作電流。另外，也透過 m=1 與 m=8 的寄生 PNP 電晶體的 VEB 電壓差，導出正溫度係數的關係。再透過保持恆定電流下，VEB 具負溫度係數的特性，可以達到一零溫度係數的輸出電壓 (VBG) 狀態。

進行帶隙參考電路的設計，首先要觀察所使用的寄生 PNP 電晶體的 VEB 負溫度係數的狀況。可以藉由圖 6-19(a) 所示的定電流組態，視所用並聯寄生 PNP 電晶體的個數 (m=1，m=8，m=16) 以及指定的工作電流，如 Iop=10uA，進行溫度的掃描後計算 dVEB/dTemp 的斜率值。可以得到三條特定曲線，因為所使用的 m 個數，而有些許的差別，如 m=8，VEB 隨時間變化的負溫度係數為 –1.860mV/°C。而 m=1，則約為 –1.692mV/°C。在一般的參考書，所用的理論值大都採用 –2.0mV/°C，與實際模型參數模擬結果有差，需使用實際模擬結果來進行手計算分析。

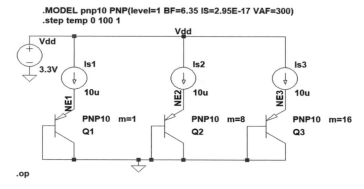

(a) 定電流測試組態

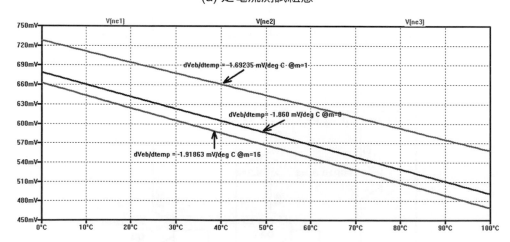

(b) 定電流測試組態 dVeb/dtemp 負溫度係數模擬結果

» 圖 6-19　定電流源測試

接著，對於圖 6-18 的電路，進行元件尺寸的手計算分析，使用 PNP 的 SPICE 模型參數。首先，由 Q1 的分支進行計算：

$$I_E \cong I_S e^{\frac{V_{E1}}{V_T}}$$

$$V_{E1} = \ln\left(\frac{I_E}{I_S}\right) \times V_T \quad V_T = 25.9mV \, @ \, room \, temperautre$$

$$V_{E1} = \ln\left(\frac{10 \times 10^{-6}}{2.95 \times 10^{-17}}\right) \times 0.0259 = 0.688V$$

$$\Rightarrow V_{E1} = V_{SM1} = 0.688V$$

其次，進行 M1 與 M2(NMOS)，W1/W2 的求取：

因為 VBS ≠ 0 有 body effect 故臨界電壓值需重新計算

$$V_{TH} = V_{TO} + {}^3\left(\sqrt{V_{SB} + 2|\varnothing F|} - \sqrt{2|\varnothing F|}\right)$$

$$V_{TH} = 0.6 + 0.5\left(\sqrt{0.6 + 0.688} - \sqrt{0.6}\right) = 0.78V$$

$$V_{GS} = 1.6 - 0.688 = 0.912V$$

$$I_D = \frac{1}{2} K_P \frac{W}{L}\left(V_{GS} - V_{TH}\right)^2 (1 + \lambda V_{DS})$$

I=10μA

$$10\mu = \frac{1}{2} \times 160\mu \times \frac{W_1}{2\mu}(0.912 - 0.78)^2(1 + 0.01(0.912))$$

$$W_1 = W_2 = \frac{10\mu \times 2 \times 2}{160\mu \times (0.132)^2 \times 1.00912} = \frac{4\mu}{0.2813} = 14.219um$$

$$V_{E8} = \ln(\frac{I_{E2}}{I_{S2}}) \times V_T = \ln\left(\frac{10 \times 10^{-6}}{8 \times 2.95 \times 10^{-17}}\right) \times 0.0259 = 0.6337V$$

$$V_{R1} = 1.6V - 0.912V - 0.6337V = 0.0543V \quad R1 = \frac{0.0543V}{10\mu} = 5.43K \Big| \quad 。$$

最後，要進行所有 PMOS 的尺寸計算，由於假設是使用 P-Si 晶圓，所以 PMOS 電晶體都可以做在個別的 N 型井區之中，可以得到 VBS=0，而沒有 body effect 基底效應，其臨界電壓不需重新計算。

$$I_D = -\frac{1}{2} K_P \frac{W}{L}\left(V_{GS} - V_{TH}\right)^2 (1 + \lambda | V_{DS} |)$$

$$V_{n1} = 1.6 + 0.85 = 2.45V \quad V_{GSM5} = 3.3 - 2.45 = 0.85$$

$$-10\mu = -\frac{1}{2} \times 60\mu \times \frac{W_5}{2\mu}\left(-0.85-(-0.7)\right)^2 \times (1+0.02 \times 0.85)$$

$$W_3 = W_4 = W_5 = W_6 = \frac{10u \times 2 \times 2}{60u \times (0.15)^2 \times 1.017} = \frac{4\mu}{0.13729} = 29.134um$$

若 m=8；且假設 W7 尺寸與前面 PMOS 相同

$$V_{BG} = I \times R_2 + V_{E16} = \left(\frac{V_T \times \ln(\frac{I_{S2}}{I_{S1}})}{R1}\right) \times R_2 + V_{E16}$$

對 VBG 及溫度取微分導式

$$\frac{\partial V_{BG}}{\partial Temp}\Big| Temp = 27°C = 0$$

$$\left(\frac{R_2}{R_1}\ln\frac{I_{S2}(8)}{I_{S1}(1)}\right)\frac{\partial V_T}{\partial Temp} + \frac{\partial V_{E16}}{\partial Temp} = 0$$

$$\left(\ln 8 \frac{R_2}{5.4K}\right) \times 85\mu V / °C + (-1.86mV / °C) = 0$$

$$R_2 = \frac{1.86mV \times 5.43K}{85uV \times \ln 8} = 57.141K\Omega$$

$$V_{BG} = 10\mu \times 57.14k + 0.6337 = 1.2051V$$

接著，要計算最後一個電晶體 PMOS(W_8) 的尺寸：

$$V_{SDM8} = 2.45 - 1.2051 = 1.2449V$$

$$-10\mu = -\frac{1}{2} \times 60\mu \times \frac{W_8}{2u}\left(-0.85-(-0.7)\right)^2 \times (1+0.02 \times 1.2449)$$

$$W_8 = \frac{10\mu \times 2 \times 2}{60\mu \times (0.15)^2 \times 1.024898} = 28.907um$$

以上，就是求取帶隙參考電路各元件尺寸的過程，為了要得到在常溫條件下，VBG 呈現零溫度係數。因此，可以調整 R2 值 (52.85K) 以找到最佳的零溫度係數位於室溫 (27℃) 左右。其結果，如圖 6-20 所示。在 100℃ 的溫度變化範圍，T.C.F. = 5.813ppm/°C，相較於上一節各種偏壓電路，已經降了二個數量級，有最好的效能呈現。

$$T.C.F = \frac{1}{1.15241} \times \frac{1.15241-1.15174}{100-0} = 5.813ppm / °C$$

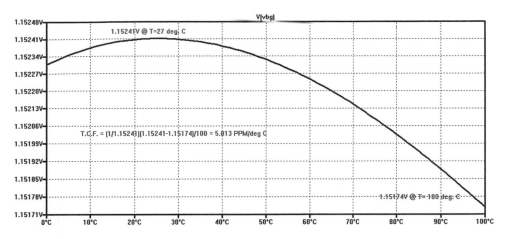

》**圖 6-20**　帶隙參考電路變溫的效能模擬結果
(Permission by Analog Devices, Inc., copyright © 2018-2021)

6-5　9-bit 數位類比轉換器分析

　　接著，要探討的是最後一個稍微複雜的子電路，嘗試建置一個 9-bit 數位類比轉換器，並利用 LTspice 完成其基本效能的模擬驗證。這個電路基本上是藉由三個 3-bit 的子電路，透過串流的加法器與除法器，可以得到 9-bit 的數位類比轉換器的實現。首先，圖 6-21 所示為整個電路方塊的架構圖。最後匯整的電流 Iout = I_3 + I_2/8 + I_1/64，再透過 Iout*Rload，可以將電流轉換成電壓值輸出。

　　此電路方塊，最左側是一提供整個右側參考電流所需的偏壓電路，如圖 6-22(a) 所示，如擬提供一穩定較不受溫度與電源變化影響及精確的 5uA 的電流，可以透過上一節所討論的帶隙參考電路，藉由一穩定的 VBG 電壓，透過放大器之單位增益緩衝器、R1 電阻的選擇與一 PMOS 構成的電流鏡轉出，就可以建置出一穩定的電流，其完整電路如圖 6-22(b) 所示。

　　接著，聚焦在 3-bit 數位類比轉換器的設計，此子電路主要是靠電流鏡比例與 B0、B1、B2 開關的選擇以匯集出對應的電流來完成數位元的選擇，如圖 6-23 所示的子電路，當 B0B1B2 都為低電位 0V 時，總共會有七倍的電流複製後，由 Iout 輸出。採用疊接的 NMOS 與 PMOS 電流鏡，可以得到大的輸出電阻，而有更穩定的複製電流。

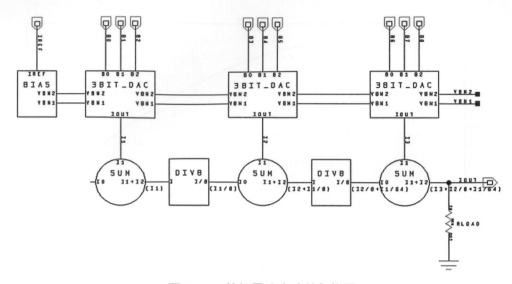

» **圖 6-21** 整個電路方塊的架構圖

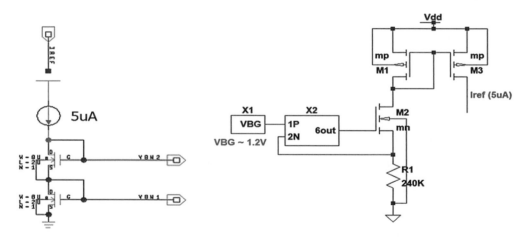

(a) 基礎的偏壓偏流電路　　　　(b) 帶隙參考電路完成之偏流電路

» **圖 6-22** 偏流電路

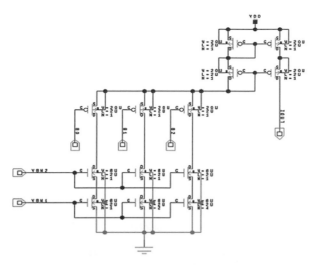

» **圖 6-23**　3-bit DAC 子電路
(Permission by Analog Devices, Inc., copyright © 2018-2021)

　　為了要達到 9-bit 數位類比轉換器的實現，採用 3 個 3-bit DAC 子電路，搭配如圖 6-24(a) 與 (b) 所示的加法器 (電流匯整於同一端點) 與除 8(電流鏡比例) 的除法器。如果觀察 9-bit 全導通的狀況，則可以得到的最大電流為 $(5\mu A \times 7) + (35\mu A/8) + (35\mu A/64) = 35\mu + 4.375\mu + 0.546875\mu = 39.9218\mu A$。

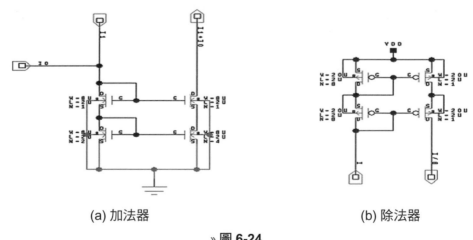

(a) 加法器　　　　　　　　　　　　　　(b) 除法器

» **圖 6-24**

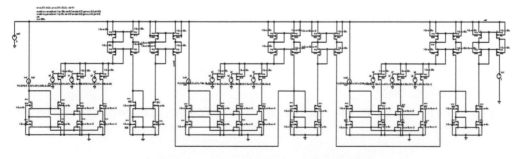

» **圖 6-25**　9-bit 數位類比轉換器的實現
(Permission by Analog Devices, Inc., copyright © 2018-2021)

```
* C：\Users\user\Documents\LTspice_Book\Book202002\Chap65_DAC_
VBGbias.asc
Iref N001 N008 5uA
M1 N014 N014 0 0 mn l=2u w=8u
M2 N016 N014 0 0 mn l=2u w=8u
M3 N017 N014 0 0 mn l=2u w=8u m=2
M5 N018 N014 0 0 mn l=2u w=8u m=4
M9 N011 b0 N006 N006 mp l=2u w=20u
M10 N012 b1 N006 N006 mp l=2u w=20u
M11 N013 b2 N006 N006 mp l=2u w=20u
V§b0 b0 0 PULSE(5 0 1u 0.01u 0.01u 0.99u 2u 256)
V§b1 b1 0 PULSE(5 0 2u 0.01u 0.01u 1.99u 4u 128)
V§b2 b2 0 PULSE(5 0 4u 0.01u 0.01u 3.99u 8u 64)
M12 N002 N002 N001 N001 mp l=2u w=20u
M13 N004 N002 N001 N001 mp l=2u w=20u
M14 N008 N008 N014 0 mn l=2u w=8u
M15 N011 N008 N016 0 mn l=2u w=8u
M16 N012 N008 N017 0 mn l=2u w=8u m=2
M18 N013 N008 N018 0 mn l=2u w=8u m=4
M22 N006 N006 N002 N002 mp l=2u w=20u
M23 N009 N006 N004 N004 mp l=2u w=20u
M24 N003 N003 N001 N001 mp l=2u w=20u m=8
M25 N005 N003 N001 N001 mp l=2u w=20u
vdd1 N001 0 5
M26 N007 N007 N003 N003 mp l=2u w=20u m=8
M27 N010 N007 N005 N001 mp l=2u w=20u
M28 N015 N015 0 0 mn l=2u w=8u
M29 N019 N015 0 0 mn l=2u w=8u
M30 N009 N009 N015 0 mn l=2u w=8u
M31 N007 N009 N019 0 mn l=2u w=8u
R1 N010 0 20K
.model NMOS NMOS
.model PMOS PMOS
.lib C：\Program Files (x86)\LTC\LTspiceIV\lib\cmp\standard.mos
```

```
.model mn nmos(level=1 kp=100u vto=0.6 lambda-0.01 gamma=0.5
phi=0.6)
.model mp pmos(level=1 kp=30u vto=-0.8 lambda=0.02 gamma=0.5
phi=0.6)
; .op
.tran 520u
* nmos：W/L=8u/2u  pmos：W/L=20u/2u  vdd=5V
.backanno
.end
```

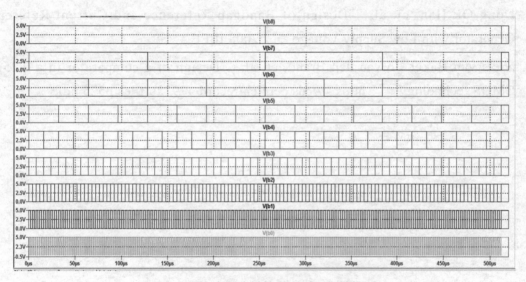

(a) 9-bit 數位類比轉換器的位元控制設定

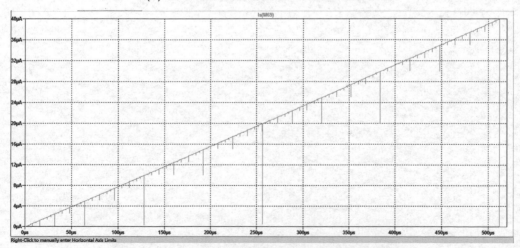

(b) 9-bit 數位類比轉換器的輸出電流轉換結果

» 圖 6-26　9-bit 數位類比轉換器

(Permission by Analog Devices, Inc., copyright © 2018-2021)

6-6　結論與參考資料

　　本章主要是基於前面學習之直流、暫態與交流分析基礎，利用 LTspice 進行實際之數位與類比子電路分析討論。包括非重疊二相時脈產生器、類比式比較器、電流鏡、偏壓電路及帶隙參考電路、9-bit 數位類比轉換器等核心電路的學習。這些電路的解析，對於混合訊號積體電路的設計，會有幫助。本章主要的延伸閱讀資料列於如後：

[1]　Magnus Karlsson, Wlodek J Kulesza, et. al, "A Non-overlapping Two-phase Clock Generator with Adjsutable Duty Cycle，" Jan. 2003.

[2]　Dong-Ok Han, et. al, "Design of Bandgap Reference and Current Reference Generator with Low Supply Voltage，" 2008 IEEE.

[3]　Niels van Bakel, Jo van den Brand, et. al, "Design of a comparator in a 0.25μm CMOS technology，" https：//cds.cern.ch/record/479726/files/p525.pdf

國家圖書館出版品預行編目資料

CMOS 電路設計與模擬：使用 LTspice / 鍾文耀編
著. -- 初版. -- 新北市：全華圖書股份有限公
司, 2021.06
　　面；　公分
ISBN 978-986-503-776-5(平裝附光碟片)

1.CST：電路　2.CST：電腦輔助設計　3.CST：
SPICE(電腦程式)

448.62029　　　　　　　　　　　110008273

CMOS 電路設計與模擬－使用 LTspice

(附範例光碟)

作者 / 鍾文耀
發行人 / 陳本源
執行編輯 / 劉暐承
封面設計 / 盧怡瑄
出版者 / 全華圖書股份有限公司
郵政帳號 / 0100836-1 號
印刷者 / 宏懋打字印刷股份有限公司
圖書編號 / 06471007
初版二刷 / 2023 年 10 月
定價 / 新台幣 300 元
ISBN / 978-986-503-776-5
全華圖書 / www.chwa.com.tw
全華網路書店 Open Tech / www.opentech.com.tw
若您對本書有任何問題，歡迎來信指導 book@chwa.com.tw

臺北總公司(北區營業處)
地址：23671 新北市土城區忠義路 21 號
電話：(02) 2262-5666
傳真：(02) 6637-3695、6637-3696

南區營業處
地址：80769 高雄市三民區應安街 12 號
電話：(07) 381-1377
傳真：(07) 862-5562

中區營業處
地址：40256 臺中市南區樹義一巷 26 號
電話：(04) 2261-8485
傳真：(04) 3600-9806(高中職)
　　　(04) 3601-8600(大專)

（請由此處撕下）

歡迎加入

全華會員

● 會員獨享
會員享購書折扣、紅利積點、生日禮金、不定期優惠活動……等。

● 如何加入會員
填妥讀者回函卡直接傳真（02）2262-0900 或寄回，將由專人協助登入會員資料，待收到
E-MAIL 通知後即可成為會員。

如何購買 全華書籍

1. 網路購書
全華網路書店「http://www.opentech.com.tw」，加入會員購書更便利，並享有紅利積點
回饋等各式優惠。

2. 全華門市、全省書局
歡迎至全華門市（新北市土城區忠義路 21 號）或全省各大書局、連鎖書店選購。

3. 來電訂購
(1) 訂購專線：(02) 2262-5666 轉 321-324
(2) 傳真專線：(02) 6637-3696
(3) 郵局劃撥（帳號：0100836-1　戶名：全華圖書股份有限公司）
※ 購書未滿一千元者，酌收運費 70 元。

OpenTech.com.tw 全華網路書店

全華網路書店 www.opentech.com.tw
E-mail: service@chwa.com.tw

※ 本會員制如有變更則以最新修訂制度為準，造成不便請見諒。

（請由此線剪下）

讀者回函卡

填寫日期：　/　/

姓名：＿＿＿＿ 生日：西元＿＿年＿＿月＿＿日 性別：□男 □女

電話：（ ）＿＿＿＿ 傳真：（ ）＿＿＿＿ 手機：＿＿＿＿

e-mail：（必填）＿＿＿＿

註：數字零，請用 Φ 表示，數字 1 與英文 L 請另註明並書寫端正，謝謝。

通訊處：□□□□□

學歷：□博士 □碩士 □大學 □專科 □高中・職

職業：□工程師 □教師 □學生 □軍・公 □其他

學校 / 公司：＿＿＿＿ 科系 / 部門：＿＿＿＿

・需求書類：

□ A. 電子 □ B. 電機 □ C. 計算機工程 □ D. 資訊 □ E. 機械 □ F. 汽車 □ I. 工管 □ J. 土木

□ K. 化工 □ L. 設計 □ M. 商管 □ N. 日文 □ O. 美容 □ P. 休閒 □ Q. 餐飲 □ B. 其他

・本次購買圖書為：＿＿＿＿ 書號：＿＿＿＿

・您對本書的評價：

封面設計：□非常滿意 □滿意 □尚可 □需改善，請說明＿＿＿＿

內容表達：□非常滿意 □滿意 □尚可 □需改善，請說明＿＿＿＿

版面編排：□非常滿意 □滿意 □尚可 □需改善，請說明＿＿＿＿

印刷品質：□非常滿意 □滿意 □尚可 □需改善，請說明＿＿＿＿

書籍定價：□非常滿意 □滿意 □尚可 □需改善，請說明＿＿＿＿

整體評價：請說明＿＿＿＿

・您在何處購買本書？

□書局 □網路書店 □書展 □團購 □其他＿＿＿＿

・您購買本書的原因？（可複選）

□個人需要 □幫公司採購 □親友推薦 □老師指定之課本 □其他＿＿＿＿

・您希望全華以何種方式提供出版訊息及特惠活動？

□電子報 □ DM □廣告（媒體名稱＿＿＿＿）

・您是否上過全華網路書店？（www.opentech.com.tw）

□是 □否 您的建議＿＿＿＿

・您希望全華出版那方面書籍？＿＿＿＿

・您希望全華加強那些服務？＿＿＿＿

～感謝您提供寶貴意見，全華將秉持服務的熱忱，出版更多好書，以饗讀者。

全華網路書店 http://www.opentech.com.tw　客服信箱 service@chwa.com.tw

2011.03 修訂

親愛的讀者：

感謝您對全華圖書的支持與愛護，雖然我們很慎重的處理每一本書，但恐仍有疏漏之處，若您發現本書有任何錯誤，請填寫於勘誤表內寄回，我們將於再版時修正，您的批評與指教是我們進步的原動力，謝謝！

全華圖書　敬上

勘誤表

書號		書名		作者	
頁數	行數	錯誤或不當之詞句		建議修改之詞句	

我有話要說：（其它之批評與建議，如封面、編排、內容、印刷品質等・・・）

得　分

班級：＿＿＿＿＿＿＿＿
學號：＿＿＿＿＿＿＿＿
姓名：＿＿＿＿＿＿＿＿

CH1　習題及 SPICE 習作

一、是非題

(　　) 1. 傳統的電子電路設計，是藉由雛型系統的實體建置，並透過實驗室的儀器設備驗證其效能，通常其過程是很耗時的。

(　　) 2. 利用麵包板(breadboard)驗證的電子電路與設計於IC中的同一電子電路會有完全一樣的寄生元件產生。

(　　) 3. SPICE 是在俄國發展的一種電路模擬軟體。

(　　) 4. 在 SPICE 的程式文字網表，第一個字元出現 * 的敘述，是一控制敘述。

(　　) 5. SPICE 進行直流靜態點分析時，將電容視為斷路、電感視為短路。

(　　) 6. 在 SPICE 的程式文字網表，描述 R 電阻的二端點元件時，第一個端點是假設為較高電位的節點。

(　　) 7. 一個完整的 SPICE 程式文字網表，在第一行敘述及其第一字元需為具 * 的標題敘述、在最後一行需為 .END 宣告程式結束的控制敘述。

(　　) 8. TF 的控制敘述是屬於 SPICE 交流分析的一種控制敘述。

(　　) 9. 在 SPICE 的程式文字網表，雖然英文字元以大寫鍵入，如 R1　N1　N2　5K，經 SPICE 軟體編譯 (compiled) 後，會以小寫呈現，即 r1　n1　n2　5k。

二、單選題

(　　) 1. 在電路中，有2安培的電流流過一5歐姆的電阻，試求此電阻消耗的電功率為多少？　(A)10W　(B)20W　(C)40W　(D)80W。

(　　) 2. 有一電容器的電容值為 20nF，其中英文字母 n 代表的數值是？
(A)10^{-3}　(B)10^{-6}　(C)10^{-9}　(D)10^{-12}。

(　　) 3. 有三個電阻並聯的電路，其電阻值分別為 5 歐姆、10 歐姆、20 歐姆，如果流經 10 歐姆電阻的電流為 2 安培 (A)，則此電路總電流為多少？
(A)1A　(B)3A　(C)5A　(D)7A。

(　　) 4. 積體電路中，依邏輯閘數目之多寡分類，且由多到少排序，何者正確？
(A)SSI>MSI>LSI>VLSI　　　　(B)VLSI>ULSI>LSI>MSI
(C)ULSI>VLSI>MSI>SSI　　　　(D)ULSI>VLSI>SSI>LSI。

( ) 5. 一般而言，邏輯閘數最少的積體電路為
(A)LSI　(B)MSI　(C)SSI　(D)VLSI。

( ) 6. 在 P 型半導體中，導電的多數載子為何者？
(A) 電子　(B) 電洞　(C) 原子核　(D) 離子。

( ) 7. 二極體反向偏壓時，空乏區 (Depletion region) 寬度
(A) 不變　(B) 變大　(C) 變小　(D) 不一定。

( ) 8. 下列何者不屬於 SPICE 直流分析的指令？
(A).OP　(B).TF　(C).TRAN　(D).DC。

三、複選題

( ) 1. 觀於 SPICE 的描述，下列何者正確？
(A) 它是一種電路模擬分析的軟體　(B) 它的功能類似一虛擬的電子實驗室
(C) 它是 2000 年之後才開發的軟體　(D) 以上皆是。

( ) 2. 觀於 SPICE 的直流分下，下列何者正確？
(A)TRAN 是直流分析的指令　(B).OP 是直流分析的一種指令
(C).DC 是直流分析的一種指令　(D) 以上皆非。

( ) 3. SPICE 的直流分析，下列何者正確？
(A) 直流分析時，電容視為短路　(B) 電容視為斷路
(C) 電感視為短路　(D) 電感視為斷路。

( ) 4. 重疊定理或疊加定理的求解，下列何者正確？
(A) 它的求解過程每次只讓一電源作用，最後再將各別的結果加總
(B) 求解過程，若電流源不作用，令其斷路
(C) 求解過程，若電壓源不作用，令其短路
(D) 以上皆非。

( ) 5. SPICE 對於電子元件的描述，下列何者正確？
(A)R 是電阻　(B)C 是電容　(C)B 是 BJT 電晶體　(D)M 是 MOSFET。

( ) 6. 在 SPICE 的文字輸入語法，下列何者正確？
(A) 在一敘述的第一個字元如為 * 代表此敘述為註解敘述
(B) 第一個字元如為 . 代表其為控制敘述
(C) 第一個字元如為 + 代表其是繼續前一行尚未描述完成的敘述
(D) 以上皆非。

(   ) 7. 撰寫一個完整的 SPICE 程式,下列何者正確?

    (A) 通常在第一行,是一以 * 為首的標題敘述

    (B) 通常在最後一行,是一 .END 的控制敘述

    (C) 如在程式中,某一行敘述的第一字元若為 V,代表其為獨立電壓源的敘述

    (D) 以上皆非。

四、SPICE 實作

1-1 上網搜尋與 "VLSI 設計" 及 "SPICE 學習" 有關之 10 個網址,並做記錄說明每個網址內容的重點。

1-2 目前在積體電路產業較有名之商用 SPICE 軟體有哪些?各有何特色,請列表討論。

1-3 試列表討論類比與數位的訊號有何不同?並探討類比電路與數位電路在積體電路的製程與設計方法有何不同?

1-4 透過延伸閱讀資料 [3],嘗試探討 SPICE 軟體,在 MOSFET 元件模型發展的重點,如 Level=1、2、BSIM Level=49、54 等模型的使用有哪些差異?

1-5 使用 LTspice,嘗試利用此軟體所提供的任何一範例電路 (C:\Program Files\LTC\LTspiceXVII\examples),進行電源電壓 Vdd 或 Vcc 進行 ±10% 的變化,並觀察與討論其輸出端帶來的影響。

得　分

班級：＿＿＿＿＿＿

學號：＿＿＿＿＿＿

姓名：＿＿＿＿＿＿

CH2　習題及 SPICE 習作

一、是非題

(　　) 1. 金氧半場效電晶體 (MOSFET) 的結構主要有二種型式，一為增強型 (enhancement)，另一為空乏型 (depletion)。

(　　) 2. 增強型 MOSFET 與空乏型 MOSFET 最大的差異是增強型 MOSFET 的閘極未給偏壓時，內部已有通道形成。

(　　) 3. 在 SPICE 的程式文字網表，第一個字元出現 M 的敘述，是一 MOS 元件的敘述。

(　　) 4. 在 SPICE 的程式文字網表，第一個字元出現 B 的敘述，是一 BJT 元件的敘述。

(　　) 5. 金氧半場效電晶體 (MOSFET) 是屬於電位式感應的元件。

(　　) 6. 金氧半場效電晶體 (MOSFET) 是屬於電流式感應的元件。

(　　) 7. 金氧半場效電晶體 (MOSFET) 的基極端 (body) 與源極端 (source) 之間，如有偏壓存在，則會有基體效應。

(　　) 8. 通常 NMOS 電晶體 (N 型之 MOSFET) 的汲極端相較於源極端有較高的電位。

(　　) 9. 通常 PMOS 電晶體 (P 型之 MOSFET) 的汲極端相較於源極端有較高的電位。

(　　)10. NMOS 電晶體 (N 型之 MOSFET) 在通道中的主要載子是電子。

(　　)11. NMOS 電晶體 (N 型之 MOSFET) 在通道中的主要載子是電洞。

(　　)12. PMOS 電晶體 (P 型之 MOSFET) 在通道中的主要載子是電洞。

(　　)13. PMOS 電晶體 (P 型之 MOSFET) 在通道中的主要載子是電子。

二、單選題

(　　) 1. 增強型 NMOSFET 的臨界電壓 Vth，其大小主要由何者決定？
(A) 金屬導電層厚度　　(B) 二氧化矽層厚度
(C) 半導體層厚度　　　(D) 以上皆非。

(　　) 2. 下列哪一種元件是單靠一種載子來傳送電流？
(A) 場效電晶體　(B) 雙極性電晶體　(C) 二極體　(D) 以上皆非。

(　　) 3. 下列敘述何者為非？
(A)MOSFET 是單載子元件　(B)MOSFET 是電壓控制元件
(C)MOSFET 輸入阻抗很高　(D)MOSFET 是雙載子元件。

(　　) 4. 下列對於 MOSFET 的敘述何者為<u>非</u>？

　　　(A) 輸入阻抗相當高

　　　(B) 所有類型的 MOSFET 都須外加電壓才有通道存在

　　　(C) P 通道的 MOSFET，其基體 (substrate) 是使用 N 型材質

　　　(D) 是屬於電壓控制元件。

(　　) 5. 下列何者<u>不屬於</u> SPICE 直流分析的指令？

　　　(A).OP　　(B).TF　　(C).TRAN　　(D).DC。

(　　) 6. 如下圖，設 Vtn=0.5V，則 M1(NMOS) 工作在哪一區？

　　　(A) 截止區　　(B) 飽和區　　(C) 線性區　　(D) 以上皆非。

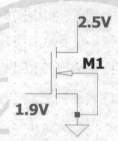

(　　) 7. 如下圖，設 Vtn=0.4V，則 M2(NMOS) 工作在哪一區？

　　　(A) 截止區　　(B) 飽和區　　(C) 線性區　　(D) 以上皆非。

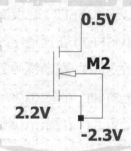

(　　) 8. 如下圖，設 Vtp= –0.5V，則 M3(PMOS) 工作在哪一區？

　　　(A) 截止區　　(B) 飽和區　　(C) 線性區　　(D) 以上皆非。

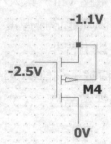

(   ) 9. 如下圖，設 Vtp= –0.4V，則 M4(PMOS) 工作在哪一區？

(A) 截止區   (B) 飽和區   (C) 線性區   (D) 以上皆非。

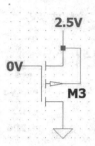

三、複選題

(   ) 1. 如下圖，設 Vtn=0.5V、Kn=120μA/V**2，W/L=8μ/2μ，下列何者正確？

(A)Id=240μA   (B)Id=120μA   (C)Vd=1.28V   (D) 以上皆非。

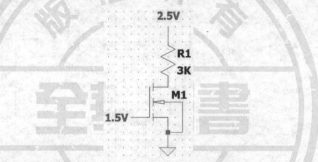

(   ) 2. 如下圖，設 Vtn=0.6V、Kn=200uA/V**2，W/L=6μ/2μ，下列何者正確？

(A)Id=216μA   (B)Id=108μA   (C)Vd=2.46V   (D)Vd=1.23V。

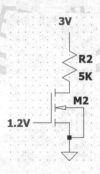

(　　) 3. 如下圖，設 Vtp=-1.0V、Kp=100μA/V**2，W/L=16μ/2μ，下列何者是正確的？
(A)Id=1.25mA　(B)Id=2.5mA　(C)Vo=0.5V　(D)Vo=0.25V。

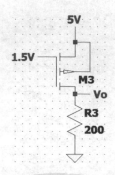

四、SPICE 實作

2-1　試計算 A、B 二端點的等效電阻 Req= ？

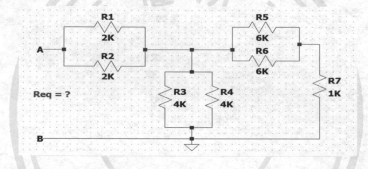

2-2　試計算 C、D 二端點的等效電阻 Req= ？

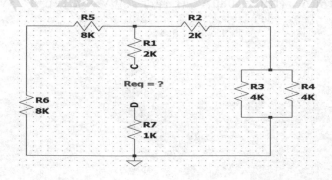

2-3　試求 V(n2)= ？ V(n3)= ？

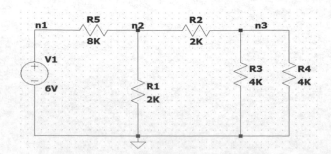

2-4 試計算流過每個電阻的電流 = ？

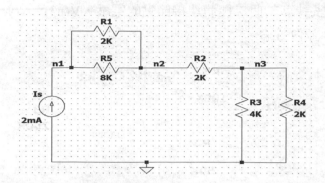

2-5 試計算 V(n3)= ？ I(R3)= ？ 並使用 LTspice 驗證計算的結果。

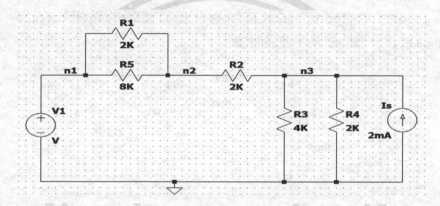

2-6 假設在室溫下，二極體 D1 的反向飽和電流 Is=10nA，V_T=26mV，試計算流過二極體的電流及跨壓，I(D1)= ？ V(n2)= ？ 並使用 LTspice 驗證計算的結果，並做討論。

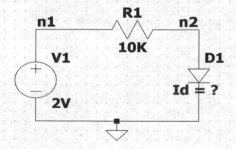

2-7 假設在室溫下，二極體 D1 的反向飽和電流 Is1=1μA，二極體 D2 的 Is2=20nA，
V_T =26mV，試計算二個二極體連接節點的電壓，V(n3)= ？並使用 LTspice 驗證
計算的結果，並做討論。

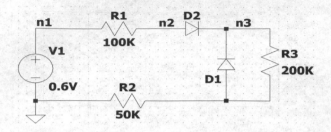

2-8 假設在室溫下，二極體 D1 和 D2 的反向飽和電流分別為 Is1=175nA 及
Is2=−100nA，V_T=26mV，試計算跨過二極體兩端的電壓，V(n2)= ？並使用
LTspice 驗證計算的結果，並做討論。

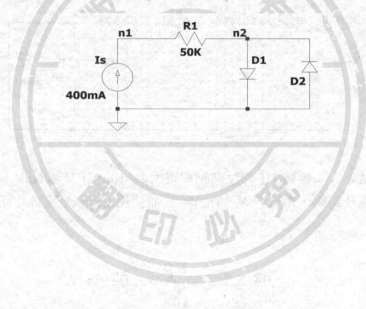

CH3　習題及 SPICE 習作

得　分

一、是非題

(　　) 1. MOS 電晶體之共源極放大器的組態，其在汲極的輸出信號與閘極的輸入信號是同相的特性。

(　　) 2. 利用二顆增強型的 NMOSFET 元件，有機會實現一共源級反相器的組態。

(　　) 3. 由各一顆 NMOS 與 PMOS 構成之靜態 CMOS 反相器，在數位邏輯的穩定 0 或 1 的輸出狀態時，此二顆電晶體都工作在飽和區。

(　　) 4. NMH(Noise Margin High) 是數位反相器的時間參數。

(　　) 5. .TRAN 是 SPICE 進行頻率響應分析的控制敘述。

(　　) 6. .TRAN 是 SPICE 進行暫態響應分析的控制敘述。

(　　) 7. 一個理想的數位反相器，如邏輯 HIGH 為 VDD，邏輯 LOW 為 0V，則其 NMH(Noise Margin High) 是 VDD/2。

(　　) 8. 一個理想的數位反相器，如邏輯 HIGH 為 VDD，邏輯 LOW 為 0V，則其 NML(Noise Margin Low) 是 VDD。

二、單選題

(　　) 1. 在靜態 CMOS 反相器中，設 N/PMOS 有相同的 L，若 Kn=360μA/V**2，Kp=109μA/V**2，Vtn=0.35V，Vtp= –0.4V，Vdd=1.8V，則多大的 Wp/Wn 可以實現對稱的電壓轉換曲線 (VTC)？
(A)3.6　(B)4.0　(C)5.0　(D) 以上皆非。

(　　) 2. 若 Vdd=1.8V，Voh=1.75V，NMH=130mV，計算 Vih= ？
(A)1.42V　(B)1.52V　(C)1.62V　(D) 以上皆非。

(　　) 3. 在靜態 CMOS 反相器中，如針對其電壓轉換曲線 (VTC) 做斜率的求取，在第一個斜率 = –1 的點，可以求出下列哪一個直流參數？
(A)Vckt,sw　(B)Vol　(C)Vil　(D) 以上皆非。

(　　) 4. 在靜態 CMOS 反相器中，如針對其電壓轉換曲線 (VTC) 做斜率的求取，在第二個斜率 = –1 的點，可以求出下列哪一個直流參數？
(A)Vckt,sw　(B)Vol　(C)Vil　(D) 以上皆非。

三、複選題

(　　) 1. 一個反相器電路的 Vdd=1.5V，Voh=1.35V，Vol=0.2V，Vih=1.2V，Vil=0.3V, 求這反相器的 NML 和 MLH，下列何者是正確的？

　　　(A)NMH=150mV　　(B)NML=100mV　　(C)NML=80mV　　(D)NMH=100mV。

(　　) 2. 靜態 CMOS 反相器電路的直流分析，下列何者是正確的？

　　　(A) 輸出的邏輯 HIGH 準位，無法到達 Vdd

　　　(B) 輸出的邏輯 LOW 準位，可以到達地電位 (0 Volt)

　　　(C) 此電路在穩態時的功率耗損為零

　　　(D) 以上皆非。

(　　) 3. 如圖所示，由二顆 NMOS 構成的反相器電路，下列何者是正確的？

　　　(A) 輸出的邏輯 HIGH 準位，無法到達 Vdd

　　　(B) 輸出的邏輯 LOW 準位，可以到達地電位 (0 Volt)

　　　(C) 此電路在邏輯低穩態時的功率耗損為零

　　　(D) 以上皆非。

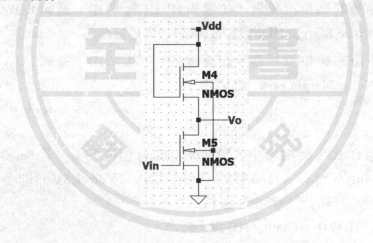

四、SPICE 實作

```
.model mn nmos(level=1   kp=140u   vto=0.6   gamma=0.5   phi=0.6)
.model mp pmos(level=1   kp=50u   vto=-0.7   gamma=0.5   phi=0.6)
```

3-1 利用上述 PMOS 的 SPICE 模型參數，若 W/L=5，若要輸出 Vo=Vdd/2，試計算 R1=?

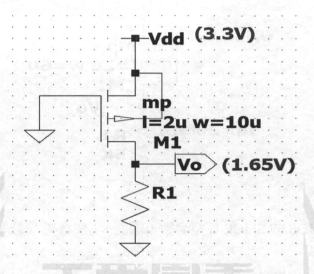

3-2 利用上述 PMOS 的 SPICE 模型參數，若 W/L=2，試計算 Id=? Vds=? 並驗證電晶體偏壓狀態的假設，以及用 LTspice 與 .op 驗證其結果。

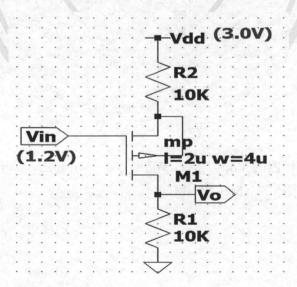

3-3　利用上述 NMOS 的 SPICE 模型參數，若 W/L=4，試計算 Vg，使得 Id=200uA，
並用 LTspice 與 .op 驗證其結果。

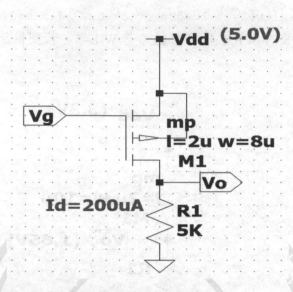

3-4　利用上述 NMOS 的 SPICE 模型參數，調整 R1 使得電晶體 M1 處於飽和區與非
飽和區的交界。

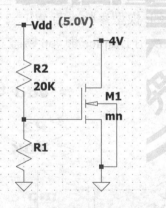

3-5　一個 CMOS 反相器的 Vdd=1.8V，Voh=1.5V、Vol=0.2V、Vih=1.2V、Vil=0.4V，
試計算這個反相器的 NMH 和 NML。

3-6 利用上述 N/PMOS 的 SPICE 模型參數，假設 Vdd=5V，L1=L2=2um，試求 W1 和 W2，使得反相器的轉換特性曲線對稱，Vckt，sw=2.5V。(即 Vout=2.5V @Vout=Vin)。

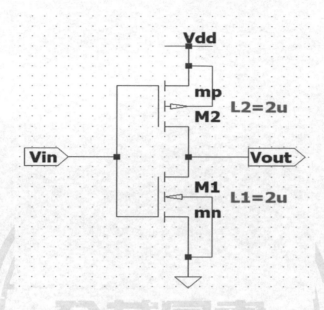

3-7 延續 3-6，試計算在 Vckt.sw=2.5V 時的峰值電流，Ipeak=?

3-8 利用上述 N/PMOS 的 SPICE 模型參數和以下的 CMOS 反相器，(W/L)pmos=3、(W/L)nmos=2，計算 (a) Vdd=3V 以及 (b)Vdd=5V 條件下，反相器切換過程的峰值電流 Ipeak=? 並用 LTspice 與 .op 驗證其結果。

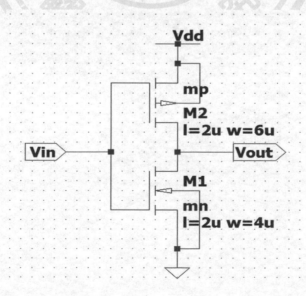

CH4 習題及 SPICE 習作

班級：＿＿＿＿＿＿＿
學號：＿＿＿＿＿＿＿
姓名：＿＿＿＿＿＿＿

一、是非題

(　) 1. 在 SPICE 的語法，一個獨立電壓源或電流源的使用，可以同時有直流、時變及交流成分的訊號設定。

(　) 2. 在 SPICE 的語法，對於 PWL 波形的描述，在時間點的描述須符合單調遞增函數的規則。

(　) 3. 利用靜態 CMOS 反相器構成之環形振盪器，其組成的串接反相器級數須為偶數級，才能振盪。

(　) 4. 利用靜態 CMOS 反相器構成之環形振盪器，需要利用 .IC 的控制敘述設定任一節點的起始電壓，才能幫助此類的電路起振。

(　) 5. 在 SPICE 的語法，對於 PULSE 波形的描述，基本上不可以 PWL 波形的描述來取代。

(　) 6. 靜態 CMOS 反相器的時間參數 Trise, Tfall, Tphl 及 Tplh 主要是針對輸出端的響應來定義。

二、單選題

(　) 1. 在靜態 CMOS 反相器中，下列何者<u>不是</u>此反相器的動態時間參數？
(A)Tphl　(B)Voh　(C)Trise　(D) 以上皆非。

(　) 2. 利用靜態 CMOS 反相器構成之 5 級、31 級、47 級環形振盪器，下列何者具有最高的振盪頻率？　(A)31 級　(B)47 級　(C)5 級　(D) 以上皆非。

(　) 3. 下列的控制敘述，何者是 SPICE 暫態分析有效的控制敘述？
(A).DC　(B).AC　(C).TRAN　(D) 以上皆非。

(　) 4. 在靜態 CMOS 反相器中，Trise 時間參數，主要是靠下列哪個因數決定？
(A)NMOS 尺寸　(B)PMOS 尺寸　(C) 以上皆非。

三、複選題

(　) 1. 在靜態 CMOS 反相器中，下列何者是此反相器的動態時間參數？
(A)Tphl　(B)Trise　(C)Voh　(D) 以上皆非。

( ) 2. 利用靜態CMOS反相器構成之5級、31級、47級環形振盪器，下列何者正確？

(A) 振盪頻率 47 級 >31 級 >5 級　　(B) 振盪週期 47 級 >31 級 >5 級

(C) 振盪頻率 47 級 <31 級 <5 級　　(D) 以上皆非。

四、SPICE 實作

```
.model mn nmos(level=1  kp=140u  vto=0.6  gamma=0.5  phi=0.6)
.model mp pmos(level=1  kp=50u   vto=-0.7 gamma=0.5  phi=0.6)
```

4-1 利用上述 NMOS 及 PMOS 的 SPICE 模型參數，若 Vdd=3.3V，針對以下的三種反相器及給定的元件尺寸，試利用 LTspice 完成它們各別的動態時間參數 Trise、Tfall、Tplh 及 Tphi，假設其輸出負載電容為 2 PF。

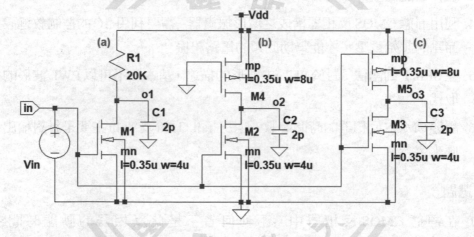

4-2 針對上述三種反相器，如 Vdd=3.3V，探討與回答以下的問題。

(a) 當 Vin 輸入為 Vdd 時，哪個電路會消耗靜態功率？

(b) 當 Vin 輸入為 0V 時，哪個電路會消耗靜態功率？

(c) 利用 LTspice 及 .DC 的直流掃描模擬，找出這些反相器的九種直流靜態參數，即 Vckt，sw、Vmax、Vmin、Voh、Vol、Vil、Vih、NML 及 NMH。

(d) 哪些電路的 Voh=3.3V？

(e) 哪些電路的 Vol=0V？

4-3 針對上述三種反相器，如 Vdd=3.3V，Vin=1.65V，假設 L=0.35μ，探討與回答以下的問題。

(a) 當 Vin=1.65V 輸入時，若要得到反相器 (a) 的 V(o1)=1.65V，此時的工作電流 Io1= ？ Wm1= ？

(b) 與上題 (a) 的工作電流相同，Wm2=Wm1，Vin=1.65V 輸入時，若要得到反相器 (b) 的 V(o2)=1.65V，試求 Wm4= ？，並討論此條件下，M4 的工作區域為何？

(c) 與上題 (a) 的工作電流相同，Wm3=Wm1，Vin=1.65V 輸入時，若要得到反相器 (c) 的 V(o3)=1.65V，試求 Wm5= ？，並討論此條件下，M5 的工作區域為何？

4-4 利用上述 N/PMOS SPICE 模型參數，假設 (W/L)nmos=2μ/0.35μ、(W/L)pmos=4μ/0.35μ，Vdd=3.3V，依據【實例 4-3】三級的環形振盪器電路的建置與模擬經驗，利用 LTspuce 嘗試完成一 45 級的環形振盪器電路的建置與模擬，並求取其振盪週期 Tosc= ？振盪頻率 fosc= ？

得 分

一、是非題

( ) 1. SPICE的MOSFET電路交流頻率分析，是於MOSFET電晶體的小訊號等效電路下進行分析。

( ) 2. SPICE 的交流頻率分析，是採用波德圖的理論進行分析。

( ) 3. MOS 放大器設計，一般的設計前提是所有 MOS 電晶體都工作在非飽和區。

( ) 4. MOS 放大器設計，一般的 MOS 電晶體，其小訊號模型參數 gds 都大於 gm。

( ) 5. .AC 是 SPICE 進行頻率響應分析的控制敘述。

( ) 6. 由一顆NMOS及PMOS組成的共源級反相放大器設計，其輸出端可以處理的最大擺幅受到此二顆電晶體的 Vdsat 限制。

二、單選題

( ) 1. 設一 NMOS 工作於飽和區，其模型參數 Kn=UnCox=1mA/V**2，Vtn=0.8V，LAMBDA=0.01V**-1，W/ 及 Id,q=0.75mA，求 gm= ？
(A)0.8mA/V (B)1.22mA/V (C)2.0mA/V (D) 以上皆非。

( ) 2. 設一 NMOS 工作於飽和區，其模型參數 Kn=UnCox=1mA/V**2，Vtn=0.8V，LAMBDA=0.01V**-1，及 Id,q=0.75mA，求 ro= ？
(A)100Kohm (B)120Kohm (C)133Kohm (D) 以上皆非。

( ) 3. 若一放大器的放大倍率是 1000，如以 dB(分貝) 的方式呈現，其值等於多少？
(A)20dB (B)40dB (C)50dB (D)60dB。

( ) 4. 若要設計一穩定的放大器，依據控制理論，其相角限 (Phase Margin) 至少要大於幾度？ (A)20 (B)30 (C)45 (D) 以上皆非。

三、複選題

( ) 1. 一個放大器電路的，其在輸入端的參考電源為 Vi，輸出節點為 out，則在SPICE的模擬分析，控制敘述 .TF V(out) Vi 的執行，可以得到的輸出訊息，下列何者正確？ (A) 可以得到輸出比上輸入電源的轉換函數，V(out)/Vi (B) 在 Vi 端看到的輸入電阻 (C) 在 V(out) 端看到的輸出電阻 (D) 以上皆非。

( ) 2. 對於交流頻率分析，在 SPICE 的使用上，對於橫軸頻率以各種的座標的呈現，下列何者可以使用？　(A)Decade　(B)Octave　(C)Linear　(D) 以上皆非。

四、SPICE 實作

```
.model mn nmos(level=1  kp=140u  vto=0.6  lambda=0.01 gamma=0.5
+phi=0.6)
.model mp pmos(level=1  kp=50u  vto=-0.7  lambda=0.02 gamma=0.5
+phi=0.6)
```

5-1 利用上述 N/PMOS 的 SPICE 模型參數，若 Vdd=3.3V，工作電流 Iop=10μA，Lm1=Lm2=2μ，若輸入的工作電壓 Vin，q=0.8V，要讓靜態之輸出端電壓 V(out)=1.65V，(a) 試計算 Wm1= ？ Wm2= ？ (b) 嘗試建立此電路之小訊號等效模型。(c) 試計算 gm1= ？ gm2= ？ gds1= ？ gds2= ？ (d) 求小訊號增益 Av= ？

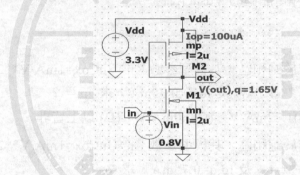

5-2 利用上述 N/PMOS 的 SPICE 模型參數，若 Vdd=3.3V，工作電流 Iop=100μA，Lm1=Lm2=2μ，若輸入的工作電壓 Vin，q=1.65V，要讓靜態之輸出端電壓 V(out)=1.65V，(a) 試計算 Wm1= ？ Wm2= ？ (b) 嘗試建立此電路之小訊號模型。(c) 試計算 gm1= ？ gm2= ？ gds1= ？ gds2= ？ (d) 求小訊號增益 Av

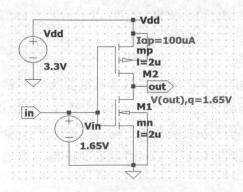

5-3 針對 5-1 及 5-2 二種反相器電路，嘗試比較其小訊號增益，哪一種組態較佳？為什麼？

5-4 利用上述 N/PMOS 的 SPICE 模型參數，依據以下的二級轉導放大器，利用 LTspice 進行以下電路的效能參數求取：

(a) 首先給予一適當的 Vbn 偏壓，在 Vin=Vip=1.65V 時，以得到輸出 V(out)=1.65V.

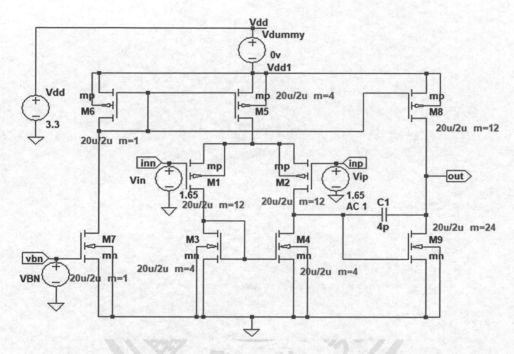

(b) 採用 (a) 所找到之 VBN 後，參考 5-6 節放大器分析的方法，利用開回路組態，完成下列參數的模擬： (1) 靜態功率耗損、(2)Vout，maxswing、(3)Vinput，linear range、(4)Av(low-frequency)= ？ dB、(5)f_3dB= ？ (6)f_0dB= ？ (7)Phase margin= ？

(c) 參考 5-6 節放大器分析的方法，利用閉回路組態，完成下列參數的模擬： (1)Slew-Rate(positive)= ？ V/uS (2)Slew-Rate(negative)= ？ V/us

得　分

班級：＿＿＿＿＿＿＿
學號：＿＿＿＿＿＿＿
姓名：＿＿＿＿＿＿＿

CH6　習題及 SPICE 習作

```
.model mn nmos(level=1   kp=140u   vto=0.6   lambda=0.01 gamma=0.5
+phi=0.6)
.model mp pmos(level=1   kp=50u    vto=-0.7  lambda=0.02 gamma=0.5
+phi=0.6)
```

6-1 利用上述 N/PMOS 的 SPICE 模型參數，若 Vdd=5V，且所有電晶體需工作在飽和區，工作電流 Iop=50uA，設計目標之 V(n1=1.2V，V(n2)=3V，所有 Lnmos=Lpmos=2µ，(a) 試計算 Wm2= ？ (M2 有基體效應)，(b) 求取 Wm3= ？，(c) 若 Wm4=4(Wm3)，I(R1)= ？可以允許之最大 R1=? Wm5= ？，(d) 若 Wm5=2(Wm1)，I(R2)= ？可以允許之最大 R2= ？

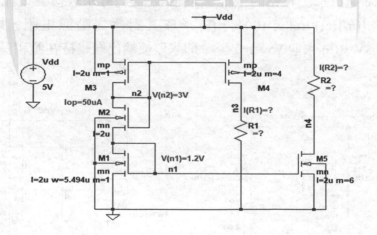

6-2 利用上述 N 的 SPICE 模型參數，若 Vdd=5V，工作電流 Iop=100μA，Lm1=2μ，若輸入的工作電壓 Vin, q=0.8V，要讓靜態之輸出端電壓 V(out)=2.5V，(a) 試計算 Wm1=? R1= ？，(b) 嘗試建立此電路之小訊號模型，(c) 試計算 gm1= ？ gds1= ？，(d) 求小訊號增益 Av。並以 LTspice 之 .OP 與 .TF 驗證上數計算值。

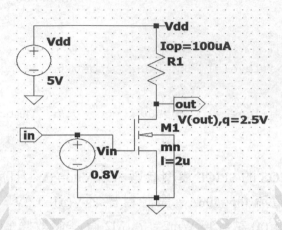

6-3 利用上述 N/PMOS 的 SPICE 模型參數，依據以下由 PMOS 所構成的 (a) 簡易型與 (b) 疊接型之電流鏡，若 Vdd=5V，Iref=Iref1=10u、110u、210uA，利用 LTspice 進行以下電路的效能參數求取，含 (a) 求取複製電流的誤差率，即 Error_%=|(Io-Iref)/Iref| x 100%，(b) 求取其對應之動態電阻，即 rout=dVo/dI-o@Vo=2.5V，(c) 求取 Vo, max= ？即求取使輸出端維持在飽和區的最大輸出電壓。

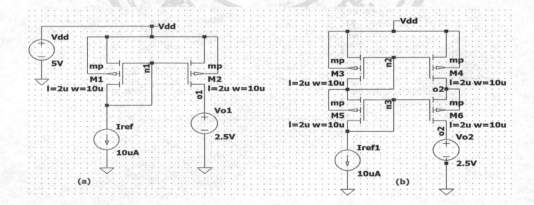